20几岁要懂得的智慧和策略

梦华 编著

吉林文史出版社
JILIN WENSHI CHUBANSHE

图书在版编目（CIP）数据

20几岁要懂得的智慧和策略 / 梦华编著. -- 长春 :吉林文史出版社，2017.5（2018.1重印）

ISBN 978-7-5472-4229-2

Ⅰ . ①2… Ⅱ . ①梦… Ⅲ . ①成功心理－通俗读物 Ⅳ . ①B848.4-49

中国版本图书馆CIP数据核字(2017)第119018号

20几岁要懂得的智慧和策略
20JISUI YAO DONGDE DE ZHIHUI HE CELüE

出 版 人　孙建军
编 著 者　梦　华
责任编辑　于　涉　董　芳
责任校对　薛　雨
封面设计　韩立强
出版发行　吉林文史出版社有限责任公司（长春市人民大街4646号）
　　　　　www.jlws.com.cn
印　　刷　天津海德伟业印务有限公司
版　　次　2017年5月第1版　2018年1月第2次印刷
开　　本　640mm×920mm　　16开
字　　数　202千
印　　张　16
书　　号　ISBN 978-7-5472-4229-2
定　　价　45.00元

前　言

　　我们常听到有人感慨："做人难、人难做、难做人。"的确，如何做人是我们每个人一生中所必须面对的难题。同样为人，一样的头脑，在人际关系中，为什么有的人如鱼得水，而有的人却备受冷落？有的人游刃有余，而有的人却举步维艰？有的人一次又一次地戴上了成功的花环，而有的人却一次又一次跌进了失败的深渊？……其实这仅仅只是因为他们是否懂得做人的智慧和策略。说到底，做人的问题就是要处理好自己和他人、自己和社会的关系。现实生活中，那些春风得意、事业有成的人都是做人的高手，懂得做人的艺术，具有做人的智慧和策略，处理好了人际关系问题，而受到上司的重视，得到同事的尊重，赢得下级的拥戴，从而让自己的事业锦上添花，一帆风顺……反之，一个人若不懂得做人的智慧和策略，那么不管他有多聪明，多能干，背景条件有多好，也注定只能失败。尤其在当今社会中，竞争越来越激烈，在社会生活和人际交往中，做人的智慧和策略具有十分重要的作用，善用智慧和策略者胜，不善用者败，只有学会了做人的智慧和策略才能在社会上站稳脚跟。可以说，做人的智慧和策略，是成功的保证。要想成功，就要学会运用智慧和策略！做人有智慧和策略，处处受欢迎，人人给你开绿灯；做人无智慧和策略，将会到处碰壁，孤立无援！

做人有智慧和策略，让你脱颖而出，出类拔萃；做人无智慧和策略，会使你平庸一生，无所作为！

做人要聪明不外露，做一个糊涂的精明人。糊涂是大智若愚，是懂得进退之道，是一颗宽厚之心，是随机应变的智慧与谋略。做人要把握好做人的尺度，万事都要留有余地，不论向别人承诺任何事情，在没有成功的绝对把握时，应该先给自己留点余地，以便进退自如。做人要经营好自己的人脉，八面玲珑路路通，任何人都不是生活在"孤岛"上，总要与各种各样的人打交道、建立关系，那些真正有智慧和策略的人，时刻都注意识人辨人，营造自己良好的关系网，寻找可以合作的契机，扩展成功局面。做人一定要学会低头，能屈能伸，"忍"字当先，头要能高能低，到了矮檐之下，该低头时候要低头。做人要"活"一点，水流不腐，人"活"不输，头脑"活"一点，海阔天空任我行；眼睛"活"一点，笑看风云世事明；嘴巴"活"一点，左右逢源处处灵。做人要善于调整自己的心态，"心若改变，你的态度跟着改变；态度改变，你的人生跟着改变"。做人要能方能圆，方和圆缺一不可，过分的方正是固执，会四处碰壁；过分的圆滑是世故，也会众叛亲离，所以做人要外圆内方，就是行欲方而智欲圆……掌握了这些做人的智慧和策略，必能帮助你改善人际关系，改变命运，成就成功人生。

同样，智慧和策略在做事的过程中也具有决定成败的关键作用。

对绝大多数人而言，缺少的并不是做大事的愿望，而是帮助自己成大事的各种智慧和策略，缺乏做事的方法和技巧，所以终究还是成不了大事。

这是一个竞争的时代，也是一个成大事的时代，优胜劣汰，适者生存。如果你一心只读圣贤书，两耳不闻窗外事，那么你只不过徒有满腹经纶而无所用；如果你一味老实耿直，不懂应变之道，那么你也只能处处碰壁，逃脱不了平庸的魔掌；如果你素来争强好胜，百折不弯，不懂屈伸进退，那么你也只能吃亏在后，赔了夫人又折兵；如果你总是心直口快，不加掩饰，不知用晦于明、藏巧于拙，那么你也只能聪明反被聪明误，搬石头砸自己的脚。凡此种种，都是做事没有智慧和策略的表现，也是成大事的大忌。做事没有智慧和策略，痛失良机的永远是你，四处碰壁的永远是你，功亏一篑的永远是你，扼腕叹息的也永远是你。

做事要有看待事情的特殊眼光，看到别人看不到的希望；要抓住机遇，敢于冒险；要把所有的精力集中于一点，专注突破；要学会选择，懂得放弃；要敢于决断，该出手时就出手；要从全局出发，能谋善断，运筹帷幄；要善于从不同的角度去开发思维，力求创新；在面对挫折时要力争奋发，以毅力和坚忍重攀高峰……智慧和策略就是做事时的智慧和技巧，是做事的过程中必备的各大素质的综合和权衡。它是做事过程中的一盏明灯，指引着你做事的方向；它是做事者的一个助手，提醒你应该注意和避免的误区；它是做事者的一个朋友，在关键的时候为你加油打气，助你重拾信心和勇气。有了智慧和策略，你便掌握了做事的法宝，可以以一种大无畏的气概去面对所有难题；有了智慧和策略，你就会时刻关注机遇和创新的思路，从而找到更快捷、更有效的做事方式；有了智慧和策略，你做起事来就会更顺利、更轻松。本领高强不是你做事的最大资本，手中有钱也不是你做事可以成功的保障。要想做成大事，就要在做事的过程中不断锻炼自己的智慧和策略，让自己懂得做事的诀窍和技巧。

对于"智慧和策略"，人们往往会认为是指待人处世所用的不正当的方法，从而嗤之以鼻，因为没有人希望社会上会出现互相欺诈的局面。然而，我们这里所说的"智慧和策略"，绝不是误导你为了目的而不择手段（那种只顾眼前、不顾长远的做法历来为有智慧和策略的人所不齿），而是指为达到某种目的而采取的正当的方法，是做人做事的一种技巧，也可以说是一种智慧，因为有时我们在面对一些难以解决的问题时必须要运用一些策略来解决。无论是做人，还是做事，本来都是一门精深的学问、高深的艺术，需要我们倾尽一生的精力去体会、去把握、去感悟。做人做事的智慧和策略要用得光明正大，用得胸怀坦荡。

目　录

君子如水，随方就圆

适度赞美获得好感

赞美需要掌握分寸，要讲究艺术，更要讲究限度。

戴高帽的做法常被人们所用，原因有三：一来做高帽子的确很省力，可以日产万顶；二是人人喜欢，趋之若鹜；三是与己有利，与人无损。

其实恭维分为三六九等不同质地的级别。上等品被称为"赞美""赞扬""赞许""称颂"等，下等品则被贬为"讨好""阿谀奉承""溜须拍马""献媚邀宠"等。

赞美别人，是因为对方有值得赞美的地方，而且赞美本身也是自己对别人表示好感的方式。所以尽管赞美本身具有改善人际关系的作用，但这只是赞美产生的副产品，而不是唯一的目的。如果把赞美单纯地当作改善人际关系的手段，赞美就可能变得含有杂质。比如：有人买了一件新的衣服，你觉得衣服很好看，就该对这件衣服表示赞美。如果这件衣服实际并不好看，你的赞美就有奉承别人的含义了，就是虚伪的表现，而如果是刻意的奉承，那就更不可取了。

可见，戴高帽看似简单，其实最难。上下之分在于品位，奥妙之处存乎于心，不一而足。要想摆脱令人生厌的廉价低俗，又不能过于提高成本，没有好的生产技术是无法完成的。所以当小心谨慎、把握好"度"，否则非常容易弄巧成拙。

如果你身边的人取得了好成绩，你就应该由衷地对他说："做得好，你真的很不容易。"对方听了就会很高兴，因为你肯定他的成绩是努力的结果。如果你说："你能取得这样的成绩真的是难得！"对方也许会觉得你的话是在讽刺他，虽然你根本没那个意思。所以真正的赞美应该是恰到好处的。

恰如其分地赞美别人并不是件很容易的事。如果称赞不得法，反而会遭到排斥。为了让对方坦然说出心里话，必须尽早发现对方引以为豪、喜欢被人称赞的地方，然后对此大加赞美。在尚未确定对方最引以为豪之处前，最好不要胡乱称赞，以免自讨没趣。试想，一位原本已经为身材消瘦而苦恼的女性，听到别人赞美她苗条、纤细，又怎么会感到由衷的高兴呢？

小王长得很像一位著名演员。每当他到饭店去，初次见到他的服务小姐都会对他说："你长得真像电影明星×××！"的确，无论是他的容貌还是气质都与那位演员非常相似。一般而言，说某人很像名演员，是恭维之词，被称赞的人一般会高兴，但小王的反应却不同，听了服务小姐的奉承后，原本不喜欢说话的他，变得更加沉默了。

服务小姐可能是半真心半奉承地说出那些话，但是看到对方不予理会，很是诧异。原来，小王的反应是因为服务小姐的赞美不得法。小王了解自己的缺点，就是容易给人冷漠的印象。而那位著名演员所扮演的正是冷酷无情的角色。所以，如果说他酷似那位著名演员，会让他觉得是在指责他的缺点。

总之，在人际交往中，恰当地对别人的优点和长处进行赞美，不需过多的言辞，就能让对方产生好感，从而获得很好的人缘。交友忠告：尝试夸赞你身边的人，爱人、朋友、同事都可以，可以夸赞对方的衣着、发型或者好的气色。要发自内心地、真心诚意地夸赞别人。如果你觉得不好意思当面夸赞，一张卡片、一条短信，都是不错的选择。

刘明是个很懂得运用赞美方式与人交往的人。在公司的一次会议上，有一个同事提了一个报告，但因报告平常无奇，没得到任何掌声。散会后，刘明和这位同事在厕所相遇，他对那位同事说："你刚才的报告很好，简明扼要，我很欣赏你！"

这位同事本来就不指望自己的报告能得到谁的注意，但刘明的几句话，却让他心情愉快了一天。

刘明常常对别的同事表示他的欣赏，碰到男孩子穿了新衣服，他会不经意地说："哦，真帅！"碰到女孩子换了新发型，他也会故意睁大眼睛说："原来是你，我以为是哪个美人来了！"可以想象的是，刘明与公司里每一个人都相处得很融洽，所有与刘明相识的人，都会很快与他建立友谊。而良好的人际关系也给他带来了很多收获。

关于赞美的好处，想必是人人都清楚的。但一个有趣的事实是：所有人都喜欢听到别人赞美自己的话，但不是所有人都爱去赞美别人。

很多人不喜欢赞美别人的内在原因就在于：他担心他需要为这种赞美负上道德意义上的责任。因为在他的心中，主动去赞美别人，可以获得好处，是一种投机行为，是一种"小人行为"，只有小人才可能会一心去讨好别人。他心中对于赞美别人的第一个反应，可能是"君子坦荡荡，小人常戚戚"或"君子之交淡如水"等。

其实，这种顾虑是没必要的，世间的道德秩序早已确立。人们为追求和谐融洽的人际关系，早已经把赞美对方作为一种常用的、合适的交际手段使用在日常生活中。即便你不爱去赞美别人，别人也还是要赞美你。从这个角度说，你也该赞美别人。既然你应该赞美别人，那就该把如何赞美别人这门学问做好！

下面就来说说赞美别人的诀窍所在：

（1）要看对象。爱漂亮的女孩子你就赞美她的打扮；有小孩的母亲最好赞美她的小孩，慈母眼中无丑儿，赞美她的小孩聪明可爱肯定没错！工作型的女孩子除了外表之外，也可赞美她的工作绩效！至于男人，最好从工作下手，你可称赞他的智力、耐力。

（2）要自然、顺势。不必刻意为之，太刻意会显得另有所图，可能对方不领情，反而弄巧成拙。此外，也不必用大嗓门赞美，这反而会让对方觉得有挖苦的味道了。最好是私下向对方表示你的看法，这种表示方法也比较容易造成双方的情感的共鸣。

（3）不要用太肉麻的词语。能恰当地表达意思就可以了，而且也不宜太夸张，太夸张也会让人觉得是挖苦。一般来说，"不错、很好、我喜欢"之类的用词就够了！

（4）多赞美小人物。因为他们平常欠缺的就是别人的赞美。当他们有一点小表现时，赞美他们两句，你一定能够获得他们的好感。

做人秘语

献出你真实、诚恳的赞赏。

所有人都喜欢听到别人赞美自己。

巧妙使用善意的"谎言"

善意的欺骗有时是必要的。

无伤大雅、不损人的"谎言"才是善意的"谎言"。

我们从小就被教导不能说谎，"狼来了"的故事更成为经典占据了我们道德观念的一角。可是，长大后，我们所接触到的种种谎言却推翻我们小时候所学的，谎言既然能改变我们的道德观，必然有它的"实用价值"。

有这样一个人，他在初中毕业后重考了 3 次才勉强进入高中，又因好几科不及格而被留级。这样一个大家眼中"无可救药"的学生，多年后竟成了留英博士，如今在一所大学里担任副教授。他给我们讲了这样一个故事：

"我重考了两次才进高中，但在升高二的暑假，我接到了留级通知单！没想到大家都升级了，只有我还要留级。于是我更加自暴自弃。每天只想到操场上打篮球，功课比第一年还差许多；眼看就要濒临退学，但在这时，奇迹出现了。

"有一天下午我逃课去打篮球，场上有个年轻人要找我玩会球，于是我和他激战了半小时，直到休息时才发现，原来他是我的数学老师。真惭愧，开学一个月了我都没上过几次他的课。不过自此以后，我再也不敢'逃'他的课了。

"不久后，在一次下课前，老师竟然在班上宣布说我解的一个题的思路很有创意，是一个很有潜力的学生，如果继续努力，日后必将能成为一位数学家。当时我有些不相信，因为我的解答部分都是抄的。可是老师说得那么诚恳，一点也不像是在和我开玩笑。

"从此以后，我就开始努力念书，不但数学成绩领先于其他同学，其他科目也渐有起色，高考结束了，结果我不但榜上有名，而且还是我的理想志愿——师大数学专业。我心里一直很感谢那位老师。

"几年后，我问这位老师当时为什么要那样鼓励我，因为他应该明白那样的解答不可能是我所能想出来的。他说：'是的，我知道，但我也只是想试试，善意的谎言是否对你有帮助，如今看来，证明我当初那样做并没有错。'听完他的话，我领悟到了——善意的谎言比单纯的鼓励效果更大。"

善意的谎言是美丽的。当我们为了他人的幸福与希望适度地编一些谎言的时候，谎言就变为理解、尊重和宽容了。

莎士比亚曾说过："谄媚是煽动罪恶之鞭。"也许大家都这样认为，说谎是一种最要不得的行为，但人与人之间的相处，偶尔还是需要些善意的谎言。

说谎就像一个游戏，你要玩，就一定要熟悉游戏规则，生活中的谎言，必须是无伤大雅、不损人的，最好还要有积极的意图，而且要懂得适可而止，要不然，谎话说多了，心也变得僵硬，道德标准会歪曲，人格终会丧尽。

既然谎言是避不了的，我们不妨以宽容的心态来接受它。细说谎言，归纳起来，可以分成以下三种：

（1）言不由衷：一般的谎言，如"你太太非常漂亮""你儿子很聪明"之类，尽管是言不由衷，但赞人又利己，听者虽有自知之明，但也乐于接受。这种谎言其实就是赞美。

（2）真话假说：完全的撒谎，如老板不升你职或不加你薪水，但为了安抚你或希望往后大家好相处，随便丢个理由给你，例如："公司今年没有这个空缺"、"公司今年不赚钱"。这虽然也是实情，但是真正不升你职或不加你薪水却并不是这个原因。

这种真话假说是美丽的谎言的一部分，往往受骗的人并不知道。

（3）数字游戏：数字会骗人，看你如何拿捏，如你在一份新加坡人的统计资料中看到一个问题：你喜欢居住哪一种住宅？

统计结果得出的答案是：公寓，20%；平房，30%；独立式，10%；组屋，40%。乍看之下，会觉得爱住组屋的人比较多，于是便做出"新加坡人喜欢住组屋"的结论，其实聪明的读者往深一层想，将前面的数字加起来（即 60%），就会知道，不喜欢住组屋的人是比较多的。

说谎，需要一点小聪明，要懂得怎样将谎言掩饰得跟真的一样。而且要提防，千万别走火入魔，聪明反被聪明误，落入自己设的圈套而最终自欺欺人。

说好假话最关键的是态度要诚恳，不要犯对方的忌讳。倘若你以漫不经心的态度向对方说一些听起来舒坦愉悦的话语，即使是礼貌性的赞美，有时对方非但不接受你的心意，反而会对你产生虚伪的不良印象。因此，诚恳认真的表情是改变对方心理的重要策略。纵然你说的话完全与事实不同，是真正的假话，但只要是极具诚意地表示，对方仍会相信这是你由衷之言，自然就会对你产生良好印象，这是不证自明的道理。我们来看一位先生的回忆：

记得多年以前，我到商店去买自行车，由于知道自己身长腿短，长得不成比例，选好车子付了钱之后，便请老板把车座调低，谁知车店的老板经过一番仔细瞧看后，以极具真诚的表情说："先生，你的腿绝对是长的！"顿时，我投降了，飘飘地望着老板把自行车的座调高。然后，以风驰电掣般的速度，骑着被调高座儿的自行车驶向温暖的家。路上，想着老板充满自信又果断的"你的腿绝对是长的"这句话，内心不由自主地欣喜若狂。

那位老板的赞美显然不符合事实，而且他的动机也不清楚。纵然如此，我还是很感谢他，当然不是向他的假话感谢，而是对他那"以认真的表情作礼貌性赞美"的态度表示由衷的谢意。

谎言，在人际交往中几乎是不可缺少的。有些人宣布自己从来不说假话，这句话本身就一定是假话。当我们得到亲戚病重，获悉朋友遭难的不幸消息，我们就时常会说一些与实际情况完全不符的假话。在这个意义上，世界上没有不说假话的人。许多假话在形式上与人际间真诚相处不相一致，但在本质上却吻合于人的心理特征和社会特征。人都不希望被否定，人都希望猜测中的坏消息最终是假的。为了人们许多合理的心愿暂时不被毁灭，假话就开始发挥它的作用了。

做人秘语

善意的谎言是为了让他人得到幸福和希望。

"说谎"一定要遵守规则。

拒绝要有"艺术"

巧妙地说出"不"字。

拒绝他人时总的原则是，不能损伤对方的自尊心，不能使对方难堪。

俗话说"盛情难却"，当别人向你提出要求和帮助时，你也许是有口难言，也许是爱莫能助，或者因为对方的要求不合理，或者因为对方所求的事情不可行，从原则上、逻辑上讲都是应该直截了当加以拒绝的。但在社交过程中，这个"不"字又不是那么容易说出口的。因为拒绝不当就容易令对方不快甚至恼恨，许多人就是因为拒绝不当而失去了朋友、得罪了领导、惹怒了合作伙伴等。所以，掌握一点说"不"的艺术是很有必要的。拒绝他人时总的原则是，不能损伤对方的自尊心，不能使对方难堪。

仔细回想一下，你是不是常常其实并不愿答应别人，但是因为不好意思，却又答应了？例如，有时你明明是已经答应老婆晚上要早回家陪她，但是老板要求你留下来加班，虽然你心中百般不愿意，但是你就是没有勇气拒绝；或是有时候你非常劳累需要休息，但是朋友求你帮他看一下小孩时，你又不好意思回绝。类似的例子不胜枚举，尽管每次你都告诉自己下不为例，但是你总是做不到，不是吗？

如果你的朋友在派对中给你一杯酒并游说你去尝试，而你对酒十分反感，你会怎样拒绝他？当你的朋友邀请你和他一起去唱卡拉 OK，但你认为那种场所比较复杂，且你一向歌喉平平，你会如何拒绝？你的同学向你借作业抄，还说会给你钱，但你觉得这样做是不对的，那你又会如何回绝？

有些缺乏交际经验的领导，往往习惯于运用单向思维来考虑和处理同事提出的要求，因此，尽管有时候他们做出的决定是正确的，但却引起了同事的反感。在交往中，他们忘记一条基本原则：同级相处，并不单纯为了追求"正确"，更多的时候，应该在追求"正确"的同时，兼顾"合作"和"情面"。譬如，在日常工作中，我们常常可以听到同事之间进行类似的对话：

主任："刘科长，明天您能抽两个人，帮我们科室核对一下生产成本吗？"

刘科长："不行，我这儿实在抽不出人来了。真对不起。"

从这段对话我们可以看出，尽管刘科长做出的决定可能是正确的，他也很注意交谈的方式，十分礼貌地回绝了同级的请求，但是却仍然引起了主任的不快和反感。究其原因，显然并不在于他的交谈方式是否得当，而在于他纯粹采用了单向思维的方式，直接地在"行"与"不行"之间进行抉择。这样做，势必使自己在处理与同事的关系时，回旋的余地很小，也很难做到既追求"正确"，又兼顾"合作"与"情面"。在这种时候，倘若换用多向思维来考虑和处理同事的要求，其结果就会大不一样。刘科长完全可以在下列几种方式中任选一种方式，来巧妙地回答主任：

（1）缓解方式（逐步满足对方）："我可以抽两个人给您，不过得过几天。如果您急等着用，我明天先给您一个人，过5天再给您另一个人，行吗？真对不起。"

（2）折中方式（满足对方）："好，我设法抽一个人给您，另一个人请您向别的科室求援，行吗？真对不起。"

在日常的人际交往中，热情地帮助别人，对别人的困难有求必应，是应该的。但是一定量力而行，如果遇到做不到的事情，就要学会怎么拒绝。如果直截了当地说"不"，会使寻求帮助的人感到失望和尴尬，一个合乎对方期望的回答，即使是拒绝，也能让对方很容易地接受。

王经理在会议中提出下属马小姐的企划案，受到总经理的褒奖，心里非常高兴，决定要请大家去聚餐，但是……

经理："马小姐，你提出来的新人研习企划案非常好，总经理也很欣赏。"

马小姐："谢谢！努力还是有价值的。"

经理："我很高兴，怎样？今天大家想要去庆祝一下，刚好我也有空儿，你一定要去，今天我请客。"

马小姐："真是太好了……可是，经理，真抱歉！今天我已经和朋友约好要去听音乐会，票都买好了，这次的票还蛮贵的，实在是很遗憾！"

经理："那，那就没有办法了！"

马小姐："下次我一定挪出时间，谢谢你了！"

从这段对话中，我们看到了马小姐良好的表达技巧，其中有三个要点，一是拒绝之前先肯定，当听到经理的提议后说："真是太好了……"；二是明确充分地说明今天不能赴约的原因："已经约好了去听音乐会……票还蛮贵的";三是表示诚意与感激:"下次我一定挪出时间,谢谢你了!"

如果马小姐换一种方式,犹犹豫豫,含含糊糊:"这个……我……今天可能……"或者直截了当地说:"今天不行,今天我有约会了。"或者是勉强答应下来,这种方法要么给对方造成伤害,要么破坏自己的心境和计划,处在马小姐的位置,都是很不利的。

从这个事例可以看出,我们拒绝别人或被别人拒绝时总感觉到不好意思,其实只要语言得体、委婉,照样能得到别人的尊重。要懂得拒绝的艺术,下面这些方法是常用的:

谢绝法:对不起,谢谢,这样做可能不合适。

补偿法:真对不起,这件事我实在爱莫能助了,不过,我可帮你做另一件事!

幽默法:啊!对不起,今天我还有事,只好当逃兵了。

自护法:你为我想想,我怎么能去做没把握的事?你让我出洋相啊。

无言法:运用摆手、摇头、耸肩、皱眉、转身等身体语言和否定的表情来表示自己拒绝的态度。

缓冲法:哦,我再和朋友商量一下,你也再想想,过几天再决定好吗?

借力法:你问问他,他可以作证,我从来干不了这种事!

婉拒法:哦,是这样,可是我还没有想好,考虑一下再说吧。

不卑不亢法:哦,我明白了,可是你最好找对这件事更感兴趣的人吧,好吗?

回避法:今天咱们先不谈这个,还是说说你关心的另一件事吧……

习惯于中庸之道的中国人,在拒绝别人时很容易发生一些心理障碍,这是传统观念的影响,同时,也与当今社会某些从众心理有关。不敢和不善于拒绝别人的人,实际往往得戴着"假面具"生活,活得很累,而又丢失了自我,事后常常后悔不迭;但又因为难于摆脱这种"无力拒绝症",而自责、自卑。因此,掌握拒绝的技巧对获得好人缘是十分重要的。

做人秘语

巧妙的拒绝，是伴随你成功的一把小钥匙。

许多人就是因为拒绝不当而失去了朋友、得罪了领导、惹怒了合作伙伴等。所以，掌握一点说"不"的艺术是很有必要的。

恰当地表现自己

如果你要得到仇人，就表现得比你的朋友优越。

如果你要得到朋友，就要让你的朋友表现得比你优越。

刻意地自我表现才是最愚蠢的。

一个潜质优秀的员工，犹如一个丰富的宝藏。但当你的老板顾不上或是不懂去开发时，就需要你恰当地表现自己。

有一个年轻人，在单位一直不被重用，苦闷之余，他去拜访了一位高僧。他对高僧说："我毕业于名牌大学，已在单位兢兢业业干了8年。比我学历低、年龄小、进单位晚的都得到了提拔重用，可我一直是个一般的文员，请高僧指点迷津。"

听了年轻人的话，高僧问道："你在工作上对自己如何定位？"

年轻人说："我老爸告诉我，做人不能太露锋芒，出头的椽子先烂。我认为是至理名言。"

高僧站起身对年轻人说："请随我到对面的景点看看吧。"

年轻人跟着高僧走出寺院，在湖边发动寺里的快艇，慢慢前行。

与他们同时起航的一艘快艇加大马力，在碧绿的湖面犁出一道白线，远远地跑在了前面；晚于他们起航的大游船"嘭嘭"欢叫着推浪前行，也很快甩掉了他们；就连随后而行的双人小扁舟也走在了他们的前面……

大游船迎面踏浪驶回来了。船主看着高僧慢慢爬行的快艇高声喊道:"和尚,你的快艇笨得像蜗牛,该淘汰了。"

双人小扁舟迎面驶回来了。舟主对高僧说:"和尚,你的快艇连个小木舟都不如,要它干什么,报废了吧。"

高僧没有吭声,他回头看看年轻人说:"我们返回吧。"

高僧调转方向,加大油门,快艇电掣般向前飞驰,不一会就回到了寺院。高僧走下快艇笑着问年轻人:"你说我的快艇究竟如何?"

年轻人说:"因为他们不知道你没加足马力,所以才说你的快艇没能量。"

高僧道:"是啊,其实人又何尝不是如此呢。你学历再高,再有才华,但不表现出来,别人当然不知道,怎么会看重你呢?即便你的能量有人知晓,但见你畏畏缩缩,人家又怎会承认、重用你呢?你又怎能快速到达理想的彼岸呢?在人才竞争激烈的今天更是如此啊。"

听了这番话,年轻人顿然醒悟。

当然,表现自己并没有错。当今社会,充分发挥自己的潜能,表现出自己的才能和优势,是适应挑战的必然选择。但是,表现自己要分场合、分方式,如果表现得使人看上去矫揉造作、很别扭,好像是做样子给别人看似的,那就不好了。

威廉·温特尔说:"自我表现是人类天性中最主要的因素。"人类喜欢表现自己就像孔雀喜欢炫耀美丽的羽毛一样正常,但刻意的自我表现就会使热忱变得虚伪、自然变得做作,最终的效果还不如不表现。

小朗是一家大公司的高级职员,他平时工作积极主动、表现非常好,待人也热情大方,但是,就因为一个小小的举动却使他的形象在同事眼中一落千丈。有一天,在会议室里,当时好多人都在等着开会,其中一位同事发现地板有些脏,便找来拖把主动拖起地来。而小朗身体好像有些不舒服,一直靠在窗台边往楼下看。突然,他转身走过来,一定要接过那位同事手中的拖把。本来那位同事已经快拖完了，不再需要他的帮忙，可小朗却执意要求，同事只好把拖把给了他。不到半分钟后，总经理推门而入，小朗正拿着拖把勤勤恳恳、一丝不苟地拖着地，这一切似乎不言而喻了。

自从这次之后，小朗以前的良好形象被这一个小举动一扫而光，大家再看小朗时，顿觉他假了许多。

在工作中，往往有许多人掌握不好热忱和刻意表现之间的界限，不少人总把一腔热忱的行为演绎得看上去是故意装出来的，也就是说，这些人学会的是表现自己，而不是真正的热忱，而热忱决不等于刻意表现。在需要关心的时候关心他人，在应当拼搏的时候洒一把汗，只要真诚，谁都会赞许。而不失时机甚至抓住一切机会刻意表现自己，则会让人觉得虚假而不愿与之接近。

善于自我表现的人常常既"表现"了自己，又不露声色，他们与同事进行交谈时多用"我们"而很少用"我"，因为后者给人以距离感，而前者则使人觉得较亲切。要知道"我们"代表着"他也参加的意味"，往往使人产生一种"参与感"，还会在不知不觉中把意见相异的人划为同一立场，并按照自己的意向影响他人。

真正展示教养与才华的自我表现绝对无可厚非，只有刻意地自我表现才是最愚蠢的。卡耐基曾指出，如果我们只是要在别人面前表现自己，使别人对我们感兴趣的话，我们将永远不会有许多真实而诚挚的朋友。

日常工作中不难发现这样的同事，其人虽然思路敏捷、口若悬河，但一说话却令人感到狂妄，因此别人很难接受他的任何观点和建议。这种人多数都是因为喜欢表现自己，总想让别人知道自己很有能力，处处想显示自己的优越感，从而希望获得他人的敬佩和认可，结果却往往适得其反，失掉了在同事中的威信。

在人与人的交往中，那些谦让而豁达的人总能赢得更多的朋友。相反，那些妄自尊大、高看自己、小看别人的人总会引起别人的反感，最终在交往中使自己走到孤立无援的地步。

在交往中，任何人都希望能得到别人的肯定性评价，都在不自觉地强烈地维护着自己的形象和尊严，如果他的谈话对手过分地显示出高人一等的优越感，那么，在无形之中是对他自尊和自信的一种挑战与轻视，那种排斥心理乃至敌意也就不自觉地产生了。

法国哲学家罗西法古说："如果你要得到仇人，就表现得比你的朋友优越吧；如果你要得到朋友，就要让你的朋友表现得比你优越。"这句话真是至理名言。因为当我们的朋友表现得比我们优越时，他们就有了一种重要人物的感觉，但是当我们表现得比他们还优越，他们就会产生一种自卑感，造成羡慕和嫉妒的心态。

做人秘语

表现自己并没有错。

善于自我表现的人常常既"表现"了自己，又不露声色。

眼泪不仅仅是眼泪

有些时候，不索取就得不到。

不妨尝试一下"哭泣"的方法，或许对你的人生有所帮助。

俗话说：会哭的孩子有奶吃。成人用语言交流信息，婴儿用哭声表达意愿。婴儿的哭，不仅仅告诉大人他饿了，更多的时候，是要大人抱他，和他一起玩，让大人爱抚他。哭是婴儿的语言，他以特殊的方式告诉大人，他需要抚爱，需要温暖，需要慰藉。相反，不哭的婴儿，大人就很少去关注他，因为他乖、不哭不闹、不让人烦，甚至有时竟让人忽略了他、忘记了他。因此，爱哭的婴儿也是被人抚爱最多的孩子。尤其是双胞胎姐妹或兄弟，这一点更为明显：一个哭得厉害，一个却不爱哭，爱哭的得到的爱抚多，吃的奶也多，更容易被人注意，而不爱哭的则相反。婴儿的哭是一种手段，而成人在需要别人注意时，方法也和婴儿大致相同，只不过，他把哭变成其他手段而已。

这个道理用于工作中，同样奏效。

放眼看开去，到处都有会哭的"孩子"。在公司里，一样的工作，一样的业绩，会"哭"的人往往会有更好的报酬，因为他一"哭"，老板就会知道他的辛苦他的劳累、他的收入少付出多、他的热情受挫、后劲不足，总之老板会被他"哭"得不加薪晋爵不足以平其愤。而再看那些默默工作、不声不响的人，日复一日，年复一年，好事很难光顾。想想也不难理解，偌大的公司，老板怎么可能会注意到每一个人呢？只会做，不会"哭"，谁知道你辛苦，谁知道你劳累，谁知道你对薪水不是很满意，谁知道你时刻想着离开，想去一个更能体现你价值的地方——不知是否想过，即使去了一个全新的地方，你仍然只是会做不会"哭"，结果是不是会一样呢？

小茹在纽约某公司上班后，与她一起被公司录用的年轻同事爱丽丝违反公司规定偷偷告诉她：公司很歧视外国人，小茹的薪水仅仅是她的一半。一听到这，小茹非常气愤，于是她跟总裁据理力争。她对总裁说："你也许不完全知道，与我一起雇来的员工都无经验。而且这3个月以来，我的成绩最大，一共完成3个项目，其中一个是独立完成的，给公司创汇7万多美元，但被人抢了功。这，您知道。而且大家有目共睹我是多么努力，我的上司根本没有耐心教我任何专业知识，却把我的成绩当作他个人的功劳，在公司获取最高的待遇。在这种情况下，我的薪水还要少于他人，这很难让我接受。我相信，这也难以让您接受。如果谁因为我的种族而欺侮我、歧视我，我一定和他拼到底！"她情不自禁地流出了眼泪，"如果我是你们家庭的一个成员，你们的小妹妹，你们会这样待我吗？"最终，小茹得到公司的道歉卡，同时获得加薪50%，并补足原来的差额。后来，总裁告诉她，加薪的主要原因是因为她能"舍命"保护自己的权益。"一个能保护自身权益的人，就一定能保护公司的权益。"他说。

这个故事虽发生在美国，观念和文化与中国有差异，但道理却是一样的。该出手时就出手，大胆地索取，与"先付出，后得到"并不矛盾，是勇气、信心与实力的表现。有些时候，不索取就得不到，索取就能得到。

小张明白这个道理，因此凭自己的工作表现与努力争取，得到了老板的加薪。他深有感触地说："自己不去争取，就不会得到，公司都是装糊涂。我觉得当自己有把握的时候，属于自己的就应该去争取。如果觉得现在的状况不满意都硬要挺下去，肯定不舒服，反会适得其反。所以一定要争取，如果因此未争取到，那也算看清了局势，放弃也罢。"

人非草木，孰能无情？自己受到不公正的待遇，自然感到恼火、窝心、生气、烦闷，这当然要影响自己的工作和生活，对身体健康也颇为不利。可见，羞于争利，失去的不仅仅是一种利益，它会有一系列的负面后果，对此我们应有足够的认识。而从对社会的角度来看，这种"不争"之举其实是助纣为虐，有道德之心而非结道德之果，正所谓播下的是龙种，收获的却是跳蚤。

韩国电视剧《大长今》有一集里，明朝使臣来访，这直接关系到能否册封世子的问题，中宗对此特别重视。崔尚宫立即将韩尚宫和长今调派到太平馆伺候明朝的使者。韩尚宫得知明朝使臣糖尿病缠身，因此特地准备清淡的菜肴呈上，但明朝使臣误以为这是怠慢他，大为震怒，韩尚宫和长今身处危难当中。长今力陈缘由，明朝使臣终于被说服，并且指定长今与韩尚宫亲自为他准备饮食料理。

后来，崔尚宫虽然呈上了山珍海味，明朝使臣也不为所动。在韩尚宫和长今的调理下，明朝使臣的身体状况大有好转，在顺利地解决了册封世子问题之后满意地回国了。

这本来是韩尚宫和长今冒死立下的功劳，没料到却被吴兼护、提调尚宫和崔尚宫抢了去，并得到皇上和太后娘娘的夸奖。提调尚宫借这个机会，要太后娘娘将崔尚宫升为卸膳房的最高尚宫。

但后来皇后娘娘知道了事情的真相，将实情告诉了太后娘娘。太后娘娘大怒，宣布这次接待明朝使臣就算作第二次竞赛，韩尚宫胜出。

俗话讲，"林子大了，什么鸟都有"。职场中难免有崔尚宫这样的小人。辛辛苦苦地干完活，老板看不到，已是令人郁闷之极的事，最可恶的恐怕就是被抢功者横插一杠。吃苦我来，功劳他享，转眼间小人便得了势，逐渐成了老板身边的红人，而埋头苦干者却只能在他的光环下继续黯淡地生活。如果被这种小人抢功该怎么办？是忍气吞声，还是积极行动来弥补损失。这就要看你自己的决定了！

做人秘语

学会"哭"的艺术，当"哭"则"哭"，不当"哭"则绝不能"哭"。

羞于争利，失去的不仅仅是一种利益，其实是助纣为虐，会有一系列的负面后果。

藏巧于拙，用晦而明

闭口藏舌，安身处世

言多必失。

说得越多，说出蠢话或错话的几率就越大。

　　说话比做文章读文章难。做文章，可以细细推敲，再三修正；读文章，可以细细体味，详加研究。说话则不然，一言既出，驷马难追，所以你与人对话，应该特别留神。

　　世界上没有十全十美的人，随随便便说别人的短处，轻轻松松揭别人的隐私，不仅有碍别人的声望，且足以表示你为人的卑鄙。当你听到流言蜚语时，唯一的办法是听了就算，不做传声筒，不记挂于心，不向外传播。首先你要明白，你所知道关于别人的事情不见得可靠，也许另外还有许多苦衷并非是你所能明白的。你若贸然把你所听到的片面之言宣扬出去，不免颠倒是非，混淆黑白。而"覆水难收"，事后当你完全明白真相时，你还能更正吗？

　　而在我们的职场里，有些人却喜欢公开发表意见，口无遮拦。

　　小张就属于那种凡事总喜欢抢着说出自己看法的人。有一次，单位主管召集质检部全体人员开会，要总结头一天客户退货的教训。其实大家都知道那批货出厂前是小李检验的，这无疑就是开小李的"批斗会"。

　　主管开始就说："这次事故的责任人已经查清了。车间的生产人员看错了图纸，我们部门的小李最后把关不严，也是造成了这次事故的重要原因。"接着，他让大家就这次事故发表看法：为什么会出现这样的错误，该怎样弥补？

不出所料，向来大大咧咧的小张第一个站起来，不假思索地说："我认为，如果小李严格把关，就不会出现这样的事情。这事小李应负一定的责任。作为质检人员，他缺乏高度的责任心……"他甚至还把小李以前的一些错误翻出来进行了一番评论。

小李本来就很懊恼，此时听小张这么一通狂批，更加难受了。他充满敌意地瞪了小张一眼。

其他同事也都觉得小张说话不妥，既不分场合，也不顾及别人的心里感受。再说小李也不是有意的，难道还用得着你在这里大讲特讲？

接下来其他人的发言则都是针对工作上的问题，故意把小张的话题岔开了。

再往后的事情也就不难理解了，在后来的工作中，小李经常对小张的工作格外"照顾"，抓住一点问题就不放过，动不动就告到主管那里，搞得小张很被动。有时小李甚至还直接告到老总那里，久而久之，老总也对小张的工作能力产生了怀疑。

最后，小张感到在公司待不下去，只好伤心地离开了。

在公司里，公开对某人发表意见向来是个雷区，一不小心就会触雷。如果自己没有一个更好的建议或解决方法，切勿胡乱指责别人，否则，不单会树敌，还会令老板对你的印象变差。身在职场，适时的沉默是必须的。保持适度的沉默是远离是非的最佳方式。

尽量不说话不仅确保安全，而且能给人留下个持重、非同凡俗的印象。当然，尽量不说话是指可以说可以不说，尤其是与自己没有关系的事情，否则，不说话也是不可取的。

在不得不说的情况下，尽量少说，不夸夸其谈，不乱讲滥说，不信口雌黄，不妄发议论，这也是确保安全的一种方法。言多必失，多言多失，少言少失，不言不失。所以，在不得不说、非说不可的时候，还是坚持"少说为佳"的态度。

　　某公司准备提拔一名年轻人做办公室主任，小霞和另一位同事都是候选人。他们俩实力不相上下，而且两人私交也很好。

　　有一天，经理把小霞叫进办公室，告诉她公司初步决定由她来接任办公室主任。小霞很开心，前一阵为升职一事焦虑万分，现在压在心里的一块石头终于落下来了。

　　喜悦之情溢于言表，舌头就特别灵活。那天的小霞好像特别健谈，从公司的近忧到公司的远景，谈得头头是道。经理听得连连点头。

　　不知不觉，最后小霞竟然聊到了那位同事。小霞说起一些那位同事闹的笑话，以及一些对那位同事不利的事。

　　几天之后，正式任命下来了。让小霞大跌眼镜的是，主任并不是她，而是那位同事。经理语重心长地对她说了句："年轻人，沉默是金啊。"后来，小霞了解到，和她谈过话后，经理又和那位同事谈了话，委婉地提及小霞可能出任主任，希望他能够支持小霞的工作。同事对小霞的评价非常中肯，也正是这一点让经理最后舍小霞而取那位同事了。

　　适时的沉默体现着一个人的修养，显示着一个人的容人之量。小霞的多言让经理看到了她的浮躁和轻狂，也让经理觉得她的人品好像还差那么一点点，因此在最后，经理改变了主意。

　　在当今社会中，人人都有发表意见的权利，遇到该提出自己的看法时却不言语，只是默默放弃自己的权利，并非聪明之举。慎言能帮助你在说话时三思，但并非完全不说话，即使是想保护自己，发表意见时也要避免招致难堪，所以应该有一番说话智慧。该说的时候不说，不该说的时候又说了一大堆，都不是好的说话方法。所以，一句在适当时机、对适当对象所说的好话，都是靠日积月累的经验。只有不断磨练，说话的智慧才会高人一等。记得先学会少说话，说话前要三思，谨言慎行，这是学习把话说好的三个主要步骤。

　　另外，人处在不同的状态下，讲话的心情不同，话的内容也会不同。心情愉快的时候，看事看人也许比较符合自己的心思，故而赞誉之言可能会多；有时心情不愉快，讲起话来不免会愤世嫉俗，讲出许多过头的话，招来很多麻烦。

俗话说"病从口人，祸从口出"，这句话确实有一定的道理。大多的灾祸是从自己的言谈中招来的，因而慎言少祸。

如果一个人想和平地度过一生，他绝对有必要学会在小事上或大事情上运用自我克制的手段。必须容忍和克制，脾气必须服从于理性的判断。

说话能把握分寸，说得恰到好处，是一种做人的手段，既不能喋喋不休，口若悬河，又不能该说话时却沉默寡言。可见，言谈能反映出一个人为人处世的涵养功夫，所以要把握好分寸和态势，做到闭口深藏舌。

做人秘语

缺少修养的言谈，没有不遭到抵制的。

尽量不说话不仅能确保安全，而且能给人留下个持重、非同凡俗的印象。

难得糊涂

聪明是天赋的智慧，糊涂是聪明的表现。

视之不见，听之不闻，搏之不得。

常言说"聪明难，糊涂更难"，是说我们在处理事情的时候要保持清醒的头脑很难，但要在适当的时候糊涂也更加难。因此，懂得糊涂不仅是一种艺术，更是一种真正的人生大智慧，是真正的聪明。

所谓糊涂有两种解释，一种是看不明白弄不清楚，因而丈二和尚摸不着头脑；另一种则是看得明白弄得清楚，但却不便于直截了当，这种情况下就要采取一定的糊涂战术。确实，在生活或工作中，并不是什么时候都需要明明白白的，在某些特定的场合，出于某种特别的考虑，说得含含糊糊一点儿效果反而更好。

人生是个万花筒，人们在变幻之中要用足够的聪明智慧来权衡利弊，以防莫测。孔子认为，智者乐水，仁者乐山；智者动，仁者静。动为聪明后的行为，静为糊涂时的沉着。所以，人有时候不如以静观动，守拙若愚，这种做人的手段其实比聪明还要胜出一等。

真正的聪明人最知道什么时候要表现得糊涂，他们看似混沌无知、糊里糊涂，实则冰雪聪明、心里透亮。

聪明是自身的财富，同时也要明白，糊涂同样是立身的本钱。聪明与糊涂之间，没有绝对的界线。很多的人在聪明之中办了糊涂事，导致身败名裂；也有很多的人在糊涂中办了聪明事，获得名利双丰收。在不便直言的情况下，委婉地点拨几句，让听者明白自己话里的真实意图，这就是懂得糊涂的妙处。

唐太宗时期，长孙皇后非常贤惠，有时还帮助唐太宗处理政务。长孙皇后死后，唐太宗厚葬了她，并将陵墓命名为昭陵。为寄托深深的思念之情，唐太宗还令人在宫中搭建了一座很高的楼台，稍有闲暇便登上楼台远眺昭陵。

有一天，唐太宗带领宰相魏征等大臣一起登上楼台，眺望了一会儿，唐太宗问魏征：“爱卿看到昭陵了吗？”

魏征揉揉双眼，看了半天，说道：“皇上，臣老眼昏花，实在看不见啊！”

唐太宗心想：岁月不饶人，魏征真的是老了！于是，他很有耐心地指给魏征看。

魏征又看了看，对唐太宗说：“臣刚才以为皇上是让我看献陵（唐高祖李渊的陵墓），若是看昭陵，臣还是能看见的。”

唐太宗听了，深感惭愧，下令拆除了宫中的这座楼台。

在这里，魏征借口自己眼花，点出了唐太宗父亲的陵墓名称，暗中告诫唐太宗：不该只思念自己的妻子，更要思念父亲。魏征虽然以直言敢谏而闻名，但他也深知不能过于冒犯皇上。唐太宗心照不宣，明白了魏征的用意，立即改变了以前不合适的做法。

社会中，人形形色色。有的人外表看似顽固，而内心却很豁达；有的人外表看似愚钝，而内心却是才高八斗；有的人外表看似自信，而内心却是底气不足。

世事风云变幻莫测，该聪明时得聪明，该糊涂时得糊涂。该聪明时犯糊涂，就会失去机遇；该糊涂时却聪明，就会引火上身。做人者，聪明不如糊涂，守拙若愚，看似很木很讷，实则胜过所有的聪明之举。

然而让精明的人糊涂，可不是一件容易的事情，除非他经历了很多人和事，受过很多的挫折和磨难，否则他是不会糊涂的。郑板桥不是已经说过了吗？聪明难，糊涂难，由聪明返糊涂更难。但也只有进到这一境界，才能明白人生是怎么一回事。

因为自己的房屋刚刚刷过油漆，布朗到附近一家很清静的小旅馆去避居几日。他带的行李很简单，只是一个装着两双袜子的雪茄烟盒，另有一份旧报纸包着一瓶酒，以备不时之需。

睡到半夜，布朗被浴室中一种奇怪的声音惊醒。他发现一只小老鼠钻出来，跳上镜台嗅嗅他带来的那些东西，然后又跳下地，在地板上做了些怪异的老鼠体操，然后它又跑回浴室……一夜没停。

第二天一早，布朗懊恼地对打扫房间的女服务员说："这房里有老鼠，胆子很大，吵了我一夜。"女服务员马上说："这里不会有老鼠。这是头等旅馆，而且所有的房间都是刚油漆过的。"

布朗下楼时又对电梯司机说："你们的女服务员倒真忠心。我告诉她说昨天晚上有只老鼠吵了我一夜，她说那是我的幻觉。"

电梯司机说："她说得对，先生。这里绝对没有老鼠！"

布朗的话一定被他们传开了。柜台服务员和门卫在布朗走过时都用怪异的眼光看他。此人只带两双袜子和一瓶酒来住旅馆，偏又在绝对不会有老鼠的旅馆里看见了老鼠！

毫无疑问，布朗的行为替他博得了近乎荒诞的评语，那种娇惯任性的孩子或是孤傲固执的老人病夫所常得到的评语。

第二天晚上，那只小老鼠又出来了，照旧跳来跳去，好不快活。布朗决定要做点什么。

第三天早晨，布朗在旅店外面的一家店子里买了只老鼠笼和一小包咸肉。他把这两样东西包好后偷偷带进了旅馆，当时值班的员工没有发现。第二天早上他起床时，发现老鼠在笼里，活蹦乱跳的，丝毫没有受伤。布朗不打算对任何人说什么，只想把它连笼子提到楼下，放在柜台上，以此证明自己不是无中生有说瞎话。

但就在准备走出房门时，他忽然一顿："慢着！我这样做，岂不是太无聊，而且很讨厌？是的！我所要做的是痛痛快快证明在这个所谓绝对没有老鼠的旅馆里确实有只老鼠。我以雪茄烟盒装两双袜子，外加一瓶酒（现在只剩空瓶了）来住旅馆而博得怪人畸形的光彩。我这样不惜以任何手段证明我没有错，岂不是自贬身价，使我成为一个器量狭窄、迂腐无聊的人……"

想到这里，布朗赶快轻轻退回房间，把小老鼠放出，让它从窗外宽阔的窗台跑到邻屋的屋顶上去。

一刻钟后，他下楼退掉房间，离开旅馆。出门时他把空老鼠笼递给侍者。厅中的人都向他微笑点头，目送他推门而去。

即使对某一件事你知道自己绝对正确，可以提出确实证据证明你不会错，但如果那件事无关紧要，最好什么也别做。

做人秘语

为学不可不精，为人不可太精，还是糊涂一点儿的好。

是愚是惑，各人心里明白就行了。

卑而骄之，示弱取胜

示弱取胜，是摆出一种"什么也不懂"的弱者姿态。

示弱也是一种策略。

"卑而骄之"出自《孙子兵法·计篇》。意思是对于卑视我方的敌人，则促使其更骄傲。在战场上，战例比比皆是。在面对危难时，最好的策略就是示弱取胜。

明朝张崍任滑县县令时，有两名江洋大盗任敬、高章来到县城，冒充锦衣卫（特务组织）的使者拜见张公，并且凑近张公耳边说："朝廷有令，要公开处理有关耿随朝的事情。"

原来当时有位滑县人耿随朝，担任户政的科员，主管草场，因为发生火灾，朝廷下令羁押在刑部的监牢里。张公听到此事，更加相信两人的身份。任敬于是拉着张公的左手，高章拥着张公的背，一起进入室内坐在炕上。任敬摸着鬓角胡须，笑着说："张公不认识我吧！我是霸上来的朋友，要向张公借用公库里面的金子。"于是二人取出匕首，架在张公的脖子上。

张公抑制住内心的紧张，装出替他们着想的样子说："你们不是为了报仇，我也不会因为财物牺牲性命。你们这样暴露自己的真实身份，如果被别人发现，对你们可相当不利！"

两个强盗觉得有道理。

张公又进一步说："公库的金子有人看管，容易被发觉，对你们不利。有一个办法是，我向县里的有钱人借贷，这样你们可以安然无事，也不至于连累了我的官职，岂不两全其美。"

两个强盗听了更加赞同张公的办法。就这样，张县令不露声色地稳住了强盗，并取得了他们的信任与合作，同时一条计谋酝酿成熟。

张县令传令要属下刘相前来，刘相到后，张公假意说："我不幸发生意外，如果被抓去，会很快被处死。这两位是锦衣卫，他们不想抓我，我很感激他们，想拿5000两黄金当他们的寿礼，以表心意。"

刘相听了，目瞪口呆，说："到哪里去弄这么多钱？"

张公说："我常看到你们县里的人，很有钱而且急公好义，我请你替我向他们借。"

于是拿出笔来，一共写了9个人，正好数量符合。所写的这9个人，实际上都是武士。

　　刘相看了以后，恍然大悟。不一会儿，名单上列出的 9 个人，一个个穿着华丽的衣服，像富贵人家的子弟，手里捧着用纸包着的铁器，先后来到门口，假装说："张公要借的金子都拿来了，因为时间太紧迫，没有凑足所要的数目，实在过意不去。"一边说，一边装出哀求恳免的样子。

　　两位强盗听说金子到了，又看到这些人果然都像有钱人的样子，就很高兴地说："张公真的不骗我们。"

　　张县令趁两个强盗查看金子的空档，急忙脱身，并大喊抓贼。9 个武士，一拥而上，两个强盗猝不及防。其中一个被抓，另一个自杀身亡。

　　张县令遇事从容镇定，不动声色，诱盗贼上当，糊涂装得多么彻底，既保全了身家性命、公家钱财，又擒获了强盗。

　　遇强则要示弱。如果你的竞争对手是个有实力的强者，而且他的实力明显强于你，那么你没有必要为了面子或意气而与他竞争。因为一旦硬碰硬，固然也有可能打败对方，但毁了自己的可能性却更大。因此故事中的张县令就是向对方示弱，以麻痹对手，让对方摸不清他的虚实，降低对方攻击的欲望。

　　正如英国 19 世纪政治家查士德·斐尔爵士对他的儿子所说的：要比别人聪明——如果可能的话，却不要告诉人家你比他聪明。

　　示弱可以减少乃至消除别人对自己的不满或嫉妒。要使别人对你放松警惕，造成亲近之感，只要你能巧妙地、不露痕迹地在他人面前暴露某些无关痛痒的缺点，出点小洋相，表明自己并不是一个高高在上、十全十美的人物，这样就会使人在与你交往时松一口气，不以你为敌。

　　曾有一位记者去拜访一位年轻的教授，目的是获得有关他的一些丑闻资料。然而，还来不及寒暄，这位教授就对想质问他的记者制止说："时间还长得很，我们可以慢慢谈。"记者对这位年轻教授从容不迫的态度大感意外。

　　不多时，佣人将咖啡端上桌来，这位教授端起咖啡喝了一口，立即大嚷道："哦！好烫！"咖啡杯随之滚落在地。等佣人收拾好后，教授又把香烟倒着插入嘴中，从过滤嘴处点火。这时记者赶忙提醒："先生，你把香烟拿倒了。"教授听到这话之后，慌忙将香烟拿正，不料却将烟灰缸碰翻在地。

平时趾高气扬的教授出了一连串洋相，使记者大感意外，不知不觉中，原来的那种挑战情绪消失了，甚至对他还怀有一种亲近感。

这整个的过程，其实是这位年轻的教授一手安排的。当人们发现杰出的权威人物也有许多弱点时，过去对他抱有的坏印象就会消失，而且由于受同情心的驱使，还会对他发生某种程度的亲密感。

在生活中以上方法也很有用。比如交友，找合作伙伴等，精明外露、咄咄逼人者往往使人畏而远之，而貌似傻气的人往往容易引起别人的结交愿望，因为与这样的人打交道放心。能干的男人一般不喜欢女强人，也是这个道理。而为了使自己不引人注意，不成为出头鸟，还要常常装点糊涂，尤其是在一些无关大局的事情上，不要外露精明，以使自己成为众矢之的。古人云："示弱取胜，其大智也。"

把自己的优势藏起来，充分展示自己的短处、弱点，使对手放松警戒，从而达到成功的目的。

人所共知，山外有山楼外楼，强手之上有强手。十年河东，十年河西，沧海桑田，世事变幻，任何一个人都不会永远处于一个优势的地位。如果遇上了一个强于你的对手，请记住：弱，也是取胜的法宝。

示人以弱的目的是为了让自己与现实环境有和谐的关系，把二者的摩擦系数降至最低；是为了保存自己的能量，好走更长远的路；更为了把不利的环境转化成对自己有利的力量，这是做人的一种手段，更是最高明的生存智慧。

做人秘语

示弱可以使强者无用武之地。

展示自己的弱点，使对手上当、骄傲、放松戒备，然后一举打败对方。

巧妙许诺，留有余地

轻率许诺和错误决定是一种愚忠，一种短见。

反悔时需要借口，所以在许诺时要有意留伏笔。

重信守诺是每个人为人处世的信条，反悔行为素为君子不齿。然而凡事过犹不及，我们的文化将我们教育成一个绝对与人为善的好人，使得在许多应该维护自己利益的时候都不去据理力争。因此，懂得反悔之道，是一个人通权达变、实现自我价值的必要开端，更是一个人生存发展的手段。

有一个寓言故事讲，从前，在两条道路的交叉路口，有一棵大树，一位圣人在树下静坐思索。他的思绪突然被一位朝他飞奔而来的小伙子打断。

"快救救我，"那位小伙子向他哀求道，"有人误认为我行窃，正带领一大帮人追捕我。他们要是抓到我，就会砍掉我的双腿。"他爬上那棵树，藏在枝叶中。"请你别告诉他们我躲藏在哪里。"他乞求道。

圣人犀利的目光洞悉那位年轻人对他讲的是实话。稍过片刻，那群村民赶到了，为首者问："你看没看见有一个年轻人从这里跑过去？"

许多年以前，这位圣人曾发誓永远讲真话。所以，他说他看见过。

"他往哪儿跑啦？"为首者问道。

圣人并不想背叛那位清白无辜的年轻人，可是，他的誓言对他是神圣不可违犯的。

于是，他朝树上指了指。村民们把小伙子从树上拖下来，砍掉了他的双腿。

圣人在临死的时候面对上帝的最后审判，他由于对那位不幸的年轻人的行为而遭到了谴责。"可是，"他抗议道，"我已经发过神圣的誓言，只讲真话，我有义务恪守誓言。"

"就在那一天，"上帝回答道，"你热爱虚荣胜过热爱美德。"

是的，重信守诺是一个人起码的立足品质，然而不懂变通，把它抬高到一个绝对不可越过半步的"雷池"，则是僵死呆板的表现。

拿破仑说："我从不轻易承诺，因为承诺会变成不可自拔的错误。"

有很多时候由于面子、对方来头大等各种原因，我们不能过于直接地拒绝他人的要求。除了婉转地使拒绝容易接受外，还不妨先答应下来，然后再用反悔给他一个交代。

例如，有一天朋友找你为亲戚朋友的工作帮忙，而你又无能为力时，该怎么办呢？

如果一口拒绝的话，对方极可能就会认为你不肯帮助他，甚至你们的关系因此而僵化。说不定以后你可能有什么事要找他帮忙时，尽管他是有能力帮助你的，但会因前"仇"以牙还牙。因此，最好的办法是使对方感觉到你已尽职尽力地为他服务了。你不妨这样去做：立即请对方写份简历包括毕业于哪所学校、所学专业、本人志趣和特长、思想表现等交给你。这样别人就能感受到你愿意帮忙的诚意。然后坦诚地告诉他："你的事就是我的事，我会尽力而为的。明天我马上拿你的简历去找熟人……过几天你再来好吗？"

过几天，不管结果如何，你应该抢在人家还没有来之时去个电话或亲自上门去拜访。"这几天我一直为你的事活动，A单位可能没有什么希望。B单位却说要研究研究。"

再过几天，你主动找到他："真对不起，你托的事目前都已落空了，我通过所有我熟识的人，但却……真没办法，我真尽力了，等以后有机会再说吧。"对方一定对你感激不尽。

很多时候，我们为了能达到目的，必须做出暂时让步妥协的手段，为的是我们能够更好地前进，是为了赢得资助，让自己不断走向强盛。

"我保证"是语言中最危险的句子之一，所以在许诺时不要把话说得太绝对，免得突生变故时没有回旋余地。至于不能兑现的请求有时也可答应下来，但也应许诺巧妙，缓兵有术，更不应经常以拖延去反悔。

柯南道尔将其著作《福尔摩斯探案集》的改编权第一次卖给欧洲"戏剧界的拿破仑"弗罗曼时，曾对弗罗曼有一点小限制，戏里的福尔摩斯不许有恋爱事情。当时弗罗曼并不争执，满口答应了这个条件，但是，后来演出的剧目里，为了迎合一些观众的心理，弗罗曼还是加了些可以算恋爱也可以不算恋爱的浪漫故事。由于演出效果不错，一年之后，弗罗曼在英国会见柯南道尔时，柯南道尔非但没有责怪弗罗曼，相反还表示不反对戏里的福尔摩基可以浪漫点。弗罗曼以后谈到此事，认为当初他对柯南道尔让了一步才取得今日的演出成功；要是他当时固执己见，事情可能弄僵了。

做人要给自己留有回旋的余地，许诺时要巧妙地留有余地，这样有退才有进。

做人秘语

"我保证"是语言中最危险的句子之一，所以在许诺时不要把话说得太绝对，免得突生变故时没有回旋余地。

拿破仑说："我从不轻易承诺，因为承诺会变成不可自拔的错误。"

交际有道，成事之妙

表现你的善解人意

想对方之所想，急对方之所急。

善察言观色，揣摩人心。

善解人意，顾名思义就是很会体谅人，很会体贴人，还能换位思考。

善解人意，不应仅从文字上作善于揣摩人的心意去理解。其"善解"的"善"，也不能仅作"善于"解释。它还应包含善心、善良的愿望这层意思。善解人意，首先要与人为善，善待他人，而后才能理解人、谅解人、体察人，以体现你人格的魅力。

《伊索寓言》中有一个太阳和风的故事。

一天，太阳与风正在争论谁比较强壮，风说："当然是我。你看下面那位穿着外套的老人，我打赌，我可以比你更快地叫他脱下外套。"

说着，风便用力对着老人吹，希望把老人的外套吹下来。但是它愈吹，老人愈把外套裹得紧。

后来，风吹累了，太阳便从后面走出来，暖洋洋地照在老人身上。没多久，老人便开始擦汗，并且把外套脱下。太阳于是对风说道："温和、友善永远强过激烈与狂暴。"

伊索是个希腊奴隶，但是他教给我们许多有关人性的真理，使我们知道，温和、友善和赞赏的态度更能教人改变心意，这是咆哮和猛烈攻击所难以奏效的。

生活中有时会发生这种情形：对方或许完全错了，但他仍然不以为然。在这种情况下，不要指责他人，因为这是愚人的做法。你应该了解他，而只有聪明、宽容的人才会这样去做。

对方为什么会有那样的思想和行为，其中自有一定的原因。探寻出其中隐藏的原因来，你便得到了了解他人行动或人格的钥匙。而要找到这种钥匙，就必须诚实地将你自己放在他的位置上。

假如你对自己说："如果我处在他当时的困难中，我将有何感受，有何反应？"这样你就可省去许多时间与烦恼，也可以增加许多处理人际关系的技巧和手段。

人的善解人意有两种：其一，什么也不在意，这是对大众的，是给大家空间，给自己空气间明智做法。其二，是对自己在意的人或者事，因为用心，因为在意，而去设身处地地考虑，给别人自由，给自己枷锁。

俗话说，"善心即天堂"。只有怀抱善心的人，才能爱人、欣赏人、宽容人。他们深知，人字的结构是互相支撑，懂得相互接纳、相互合作、相互融洽，尊重他人的优势和才华，也宽容他人的脾气和个性。对别人，完全是欣赏他美好的地方，而不去计较他的缺点或与自己不合拍的地方。不能理解的时候，就试着去谅解；不能谅解，就平静地去接受。而善解人意者就很具有这种"放人一码"的涵养功夫。

而缺少善心者，很少去看他人的优势和才华，更不愿宽容他人的脾气和个性，却更多地去寻找他人的缺点和不足，对他人的理解、谅解更不易做到，他怎么会善解人意？

1915 年的时候，小洛克菲勒还是科罗拉多州一个不起眼的人物。当时，发生了美国工业史上最激烈的罢工，并且持续达两年之久。愤怒的矿工要求科罗拉多燃料钢铁公司提高薪水，小洛克菲勒正负责管理这家公司。由于群情激愤，公司的财产遭受破坏，军队前来镇压，因而造成流血，不少罢工工人被射杀。

那样的情况，可说是民怨沸腾。小洛克菲勒后来却赢得了罢工者的信服，他是怎么做到的？

小洛克菲勒花了好几个星期结交朋友，并向罢工者代表发表谈话。那次的谈话可称之不朽，它不但平息了众怒，还为他自己赢得了不少赞赏。演说的内容是这样的：

这是我一生当中最值得纪念的日子，因为这是我第一次有幸能和这家大公司的员工代表见面，还有公司行政人员和管理人员。我可以告诉你们，我很高兴站在这里，有生之年都不会忘记这次聚会。假如这次聚会提早两个星期举行，那么对你们来说，我只是个陌生人，我也只认得少数几张面孔。由于上个星期以来，我有机会拜访整个附近南区矿场的营地，私下和大部分代表交谈过。我拜访过你们的家庭，与你们的家人见面，因而现在我不算是陌生人，可以说是朋友了。基于这份互助的友谊，我很高兴有这个机会和大家讨论我们的共同利益。

由于这个会议是由资方和劳工代表所组成，承蒙你们的好意，我得以坐在这里。虽然我并非股东或劳工，但我深感与你们关系密切。从某种意义上说，也代表了资方和劳工。

多么出色的一番演讲，这可能是化敌为友的一种最佳的艺术表现形式。假如小洛克菲勒采用的是另一种方法，与矿工们争得面红耳赤，用不堪入耳的话骂他们，或用话暗示错在他们，用各种理由证明矿工的不是，你想结果如何？只会招惹更多的怨愤的暴行。

人生在世，与人为伍，许多人常叹善解我者难求。那么，你就学着去善解他人吧。在你善解他人时，他人也将善解你。

善解人意，还在善于体察他人的心境，给人以及时雨一样的帮助，让温馨、祥和、慰藉来浓化人生，沟通心灵。比如，对窘迫的人讲一句解围的话，对颓丧的人讲一句鼓励的话，对迷途的人讲一句提醒的话，对自卑的人讲一句振作的话，对苦痛的人讲一句安慰的话……这些非物质化的精神兴奋剂，既不要花什么金钱，也不要耗多少精力，而对需要帮助的人来说，又何啻于旱天的甘霖、雪中的炭火？

做人秘语

善解人意，使人信服。

真诚地从对方的角度看事情。

背后赞美更有效

背后赞美人显得更加真诚。

背后的赞美传到他耳朵里，他对你的好感定会直线上升。

人是社会的主体，想在其中立足，首先要做好的就是处理协调好人与人之间的关系。问题很简单实际，简单到只是人与人之间在生活中的交往而已。可它却又是个涉及到无数个细节的繁琐问题。任何一点出了纰漏，可能都会影响到你和他人的交往，简单点说，就是你会有一个不好的人缘。

"前"与"后"的关系构成一个整体。所谓"思前想后"讲的就是这个道理。人生也有"前台"与"后台"，即如何处理好人前与人后的关系，往往影响很大。

在我们的职场工作环境当中，常有一些同事聚在一起，喜欢谈论的就是那些不在场同事的是非。一提到这些道人长短、论人隐私的话题，大家就显得兴致勃勃，现场的气氛也随之热烈起来。但是，这种无聊的话题却是一点也不值得声张。不论你说的话题有没有恶意，到最后都会变成让人不舒服的坏话。

而且，这种搬弄是非、道人长短的话很容易传到对方耳中。即使听到这些话的人并非故意地去传播，但还是会直接或间接地传入当事人耳中，而且往往已被添油加醋，不堪入耳，这正是所谓的"好事不出门，坏事传千里"。

曾经有这样一个相声，说是一位先生先被传在家生了一个鸡蛋，一会儿就传成了他生了一个鸭蛋，而且还是咸鸭蛋，一会儿又传成了他生下一个鹅蛋，最后传成了这位先生生了一个恐龙蛋。

足可见人言可畏，捕风捉影的可怕。当初说话的人的初衷，往往在传话的过程中就变了味，变了性，说不定正话就成了反话了。

一个人为了考验某同事是不是喜欢向领导打小报告，某日上午特地和这个人说了一件任何人都不知道的事情，然后在下午专门去领导的办公室转。结果，领导就问他上午是不是说什么了。

可见传话之快、传话之速了，特别是为了防止自己曾说的话在传中变味，必须选用最优美的词语来描绘第三者的优点，切忌提一点缺点和不满。在人背后是必须说好话的，至于那些偶尔的"不好"之话，即便是很公正的话，也要留着，自己悄悄地说给自己听。

人们都讨厌背后说别人坏话的小人，一方面是背后说坏话，会有中伤别人的感觉，另一方面，人们会觉得背后的评价更能体现那个人内心的真实想法。因此，当他知道一个人在背后赞美自己的时候，他也会感觉你真的是这样想的，会更加的高兴。不要担心你在别人面前说另一个人的好话，那些好话当事者不会听见，这世界没有不透风的墙，就算赞美传不到他本人耳朵里，别人也会因为你在背后夸奖人而更加敬重你。

但为什么不当面说别人的好话呢？当面说和背后说是不同的，效果是不一样的。你当面说，人家会以为你不过是奉承他、讨好他。当你的好话在背后说时，人家认为你是出于真诚的，是真心说他的好话，才会领你的情并感谢你。假如你当着上司和同事的面说上司的好话，容易招致周围同事的轻蔑，因为他们会说你是在拍上司的马屁。另外，这种正面的歌功颂德，所产生的效果反而很小，甚至有相反的危险。你的上司脸上可能也挂不住，会说你不真诚。与其如此，倒不如在公司其他部门及上司不在场时，大力地"吹捧一番"。这些好话终有一天会传到上司的耳中的。

坚持在别人背后说好话，对你的人缘会有意想不到的影响。背后说好话，这样就可以人人不得罪，左右逢源，你好我好大家好了。

而且每个人都有虚荣心，喜欢听好话。来自社会或者他人的赞美能使一个人的自尊心自信心得到极大的满足。当他的荣誉感得到满足时，他会得到鼓舞和愉快，从而从心里对你感到亲切，缩小了你们的心理差距。如此一来，你们沟通交流起来，会有事半功倍的效果。不知不觉间，你就会拥有一个良好的人缘。

《红楼梦》中有这么一段：

史湘云、薛宝钗劝贾宝玉做官，贾宝玉大为反感，对着史湘云和袭人赞美林黛玉说："林姑娘从来没有说过这些混账话！要是她说这些混账话，我早和她生分了。"

凑巧这时黛玉正来到窗外，无意中听见贾宝玉说自己的好话，"不觉又惊又喜，又悲又是叹"。结果宝黛两人互诉肺腑，感情大增。

因为在林黛玉看来，宝玉在湘云、宝钗面前赞美自己，而且不知道自己会听到，这种好话是难得的。倘若宝玉当着黛玉的面说这番话，好猜疑、小性子的林黛玉可能还会说宝玉打趣她或想讨好她呢。

喜欢听好话是人的一种天性。当来自社会、他人的赞美使其自豪心、荣誉感得到满足时，人们便会情不自禁地感到愉悦和鼓舞，并对说话者产生亲切感，这时彼此之间的心理距离就会因赞美而缩短、靠近，自然就为交际的成功创造了必要的条件。

德国的铁血宰相俾斯麦，为了拉拢一个敌视他的议员，便有计划地在别人面前赞美这位议员，他知道那些人听了之后，肯定会把他的话传给那个议员。后来，两人成了无话不说的政治盟友。

事实上，在我们的周围，可把这种方法派上用场之处不胜枚举。例如，一个员工，在与同事们午休闲谈时，顺便说了上司的几句好话："咱们的上司很不错，办事公正，对我的帮助尤其大，能为这样的人做事，真是一种幸运。"很快就这句话很快就传到他的上司的耳朵里去了，这免不了让上司有些欣慰和感激。而同时，这个员工的形象也在上司的心目中上升了。

不要小看这些细节，生活就是由无数个细节组成的。生活没有多少轰轰烈烈被载入史册的事情等着我们，我们要做的只是细节，一个又一个。现在，我们要注意的一个细节是，坚持在背后说别人好话，别担心这好话传不到当事人的耳朵里。

做人秘语

坚持在背后说别人的好话。

背后赞美更有好人缘。

一见面就能叫出名字

最简单、最重要的获得好感的办法，那就是记住他人的姓名。

如果你要人们喜欢你，你要记住你所接触到的每一个人的姓名。

一种最简单、最明显、最重要的获得好感的办法，那就是记住他人的姓名，使他人感觉自己很重要。

即使很久没见过面了，你仍然能描述碰到过的人里最风趣、最迷人、最和蔼、最有礼貌、最有成就的那个人，肯定是能记得住你名字的那个人。为什么我们能这样确定呢？因为我们都是人，人性的本能会让我们知道，记得我们名字的人一定尊敬我们，因为名字是构成身份与自尊的重要一环。

多数人不记得姓名，只因为他们没有下必要的工夫与精力把姓名牢记在心。他们给自己找借口：他们太忙。

但他们大概不会比罗斯福更忙，罗斯福甚至对所接触的机械师的名字也用工夫去记忆追想。

克莱斯勒汽车公司为罗斯福制造了一辆特别汽车，张伯伦及一位机械师将此车送交至白宫。张伯伦有一封叙述此事情经过的信："我教罗斯福总统如何驾驶一辆装有许多特别装置的汽车，而他教我许多关于处理人的艺术。"张伯伦写道：

当我到白宫访问的时候总统非常愉快，他呼我的名字，使我感到非常安适，给我留下深刻印象的是，他对我要说明及告诉他的事项真切注意。这辆车设计完美，能完全用手驾驶，罗斯福对围观的那群人说："这车真奇妙，你只要按一下开关，即可开动，你可不费力地驾驶它。我认为这车非常好——尽管我不懂它是如何运转的。我真愿意有时间将它拆开，看看它是如何发动的。"

当罗斯福的许多朋友及同仁对这辆车表示羡慕时，他当着他们的面说："张伯伦先生，我真感谢你，感谢你设计这车所费的时间精力。这是一件杰出的工程！"他赞赏辐射器、特别反光镜、钟、特别照射灯、椅垫的式样、驾驶座位的位置和衣箱内有不同标记的特别衣框。换言之，他注意每件细微的事情，他了解这些有关我的情况是费了许多心思的。他特别注意将这些设备使罗斯福夫人、劳工部长及他的秘书波金女士注意。他甚至还对老黑人侍者说："乔治，你特别要好好地照顾这些衣箱。"

当驾驶课程完毕之后，总统转向我说："好了，张伯伦先生，我想我该回去工作了。"

我带了一位机械师到白宫去，他被介绍给罗斯福。他没有同罗斯福谈话，而罗斯福只听到他的名字一次。他是一个怕羞的人，避在后面。但在离开我们以前，总统找寻这位机械师，与他握手，呼他名字，并谢谢他到华盛顿来。他的致谢绝非草率，确是一种真诚，我是能感觉到的。回到纽约数天之后，我接到罗斯福总统亲笔签名的照片，并附有简短的致谢信，再对我给他的帮忙表示感激。他竟会花时间这样做真令我感到激动万分！

罗斯福知道一种最简单、最重要的获得好感的办法，那就是记住他人的姓名，使他人感觉对于别人很重要。但我们中有多少人这样做呢？

很多时候，我们被介绍给一位陌生人，谈几分钟，在临别的时候，连那人姓什么都不记得。

名字是一个人的记号，代表着一个人的一切，荣与辱，成与败，高贵与卑贱……记住对方的名字，用最动听的声音，清清楚楚地把它叫出来，等于给对方一个很巧妙的赞美。而若是把他的名字忘了，或写错了，就会处于非常不利的地位。

安德鲁·卡内基虽然被称为钢铁大王，但他自己对钢铁制造懂得很少。因为他有千百人替他工作，他们懂得钢铁要比他多得多。但他知道如何与人相处——那就是使他致富的原因。

在早年他已显出有非凡的组织本领和领导天才。当他10岁的时候，已发现了人们对自己的姓名非常的重视。他有了这个发现，就加以利用。

在他童年时曾经获得一只母兔子。这头母兔，很快生下一窝小兔来。可是，找不到可以喂小兔吃的东西。但是他想出一个聪明的主意来。他跟邻近的那些小孩子说，如果谁去采小兔吃的东西，这头小兔就用谁的名字。后来这些小兔有了足够吃的东西。

多年以后，卡内基在商业上应用同样的心理学原理，并因此获得了巨额利润。例如，他要将钢铁路轨售予宾夕法尼亚铁路。汤姆生当时是宾夕法尼亚铁路局的局长。所以，卡内基在匹兹堡建造了一所大钢铁厂，命名"汤姆生钢铁厂"。

卡内基这种记住他人姓名的做法，是他成为商界领袖的一大秘诀。他能叫出很多人的名字，这是他引以自豪的事。他常得意地说，他亲自处理公司业务的时候，他的公司从没有发生过罢工的情形。

不论是生意场合还是个人关系，如果我们让他人觉得他很有价值，那就是最佳的言辞沟通了。注意听人介绍别人的名字，用意象联想的方法牢记别人的名字，叫出别人的名字。任何情况中，这三种方法都可以增加你成功的机会。这三个方法，是一个基本技巧的三部分。别忘了，首先要做到的是听。倘若你不曾听到别人的名字叫什么，就不可能用联想法来记忆，以后再碰到那个人时，当然也就叫不出他的名字。若想以言辞取胜，首先就要注意听别人叫什么名字，接下来就是要记住别人的名字。

做人秘语

为了社交或生意，学习聆听的艺术，第一条规则就是要记住别人的名字。

一再重复，注意听别人的名字，并且背下来。

平时多"烧香"

给人好处别张扬。

天下没有一次性人情。

培养与朋友的共同兴趣，以达到"趣味相投"的高度。

做人做得风光，大多与善于结交人情、乐善好施有关。

钱钟书是当代中国的著名作家，但当年他困居上海孤岛写《围城》的时候，也窘迫过一阵。

当时，家里经济紧张，钱家不得不辞退保姆，而由夫人杨绛操持家务，日子仍然过得紧巴巴的。那时钱钟书还没有名气，他的学术文稿没人买，于是他写小说的动机里就多少掺进了挣钱养家的成分。一天500字的精耕细作，虽然绝对不是商业性的写作速度，但也有不少商业的成分。

就在钱家被生活逼迫得走投无路的时候，黄佐临导演上演了杨绛的四幕喜剧《称心如意》和五幕喜剧《弄假成真》，并及时支付了酬金，才使钱家渡过了难关。

多年以后，黄佐临导演的女儿黄蜀芹独得钱钟书亲允，开拍电视连续剧《围城》。这是什么原因呢？原来，黄蜀芹是怀揣老爸黄佐临的一封亲笔信去见钱钟书的。

钱钟书是个别人为他做了事他一辈子都记着的人，黄佐临40多年前的帮助，钱钟书在多年后终于还报了。

　　俗话说，多一个朋友多一条路，只有存有乐善好施、成人之美的心思，才能为自己多储存些人情的债权。这就如同一个人为防不测，要养成"储蓄"的习惯一样。黄佐临导演在当时不会想得那么远、那么功利，但他的儿女替他得到了一个不小的回报。

　　对于一个身陷困境的穷人，一枚铜板的帮助可能会使他度过极度的饥饿，或许还能干番事业，闯出自己富有的天下。所以说，在人际交往中，见到给人帮忙的机会，要立刻扑上去，像一只饥饿的松鼠扑向地球上的最后一粒松籽。因为人情就是财富，人际关系一个最基本的目的就是结人情，有人缘。

　　此外，要像爱钱一样喜欢情意。求人帮忙是被动的，可如果别人欠了你的人情，求别人办事自然会很容易。有时，甚至不用自己开口，别人已经帮你解决了难题。

　　施恩是人情关系学中最基本的策略和手段，是开发利用人际关系资源最为稳妥的灵验功夫。那么，怎样去帮助别人呢？这其中也有一定的基本要领：

　　（1）施恩时不要说得过于直露，挑得太明，以免令对方感到丢了面子，脸上无光；给别人已经帮过的忙，更不要四处张扬。

　　（2）给人好处还要注意选择对象。像狼一样喂不饱的人，你帮他的忙，说不定还会被反咬一口。

　　（3）施恩不可一次过多，以免给对方造成还债负担，甚至因为受之有耻，与你断交。

　　如果你是一位领导，你更应该培养下属对你的感情依赖，让他们心甘情愿为你效力。

　　我们内心都有一些需求，有紧迫的，有不重要的，而我们在急需的时候遇到别人的帮助，则内心感激不尽，甚至终生不忘。濒临饿死时送一只萝卜和富贵时送一座金山，就内心感受来说，完全不一样。

　　三国争霸之前，周瑜只是袁术部下的一个小小居巢长，官职卑微得只相当于一个小县令。

　　这时候，地方上发生了饥荒，兵乱间又损失不少，粮食问题日渐严峻起来。

居巢的百姓没有粮食吃，就吃树皮、草根，饿死了不少人，军队也饿得失去了战斗力。周瑜看到这一悲惨情形，急得像热锅上的蚂蚁，不知如何是好。

这时，有人向周瑜说，附近有个乐善好施的财主鲁肃，他家素来富裕，囤积了不少粮食。为了救居巢的百姓和手下的兵士，周瑜决定去向鲁肃借粮。

周瑜带上人马登门拜访鲁肃。一阵寒暄后，周瑜便把来意向鲁肃说明。

鲁肃一看周瑜丰神俊朗，显而易见是个才子，日后必成大器。他没有在乎周瑜现在只是个小小的居巢长，爽口答应了借粮的事。

鲁肃亲自带周瑜去查看粮仓，这时鲁家存有两仓粮食，鲁肃指着其中的一个粮仓对周瑜说："也别提什么借不惜的，我把其中一仓送与你好了。"

周瑜及其手下一听鲁肃如此慷慨大方，都愣住了。要知道，在饥馑之年，粮食就是生命啊。

周瑜被鲁肃的言行深深感动了，两人当下就交上了朋友。

后来，周瑜当上了东吴的大将军，他牢记鲁肃的恩德，将他推荐给吴主孙权，鲁肃终于得到了干事业的机会。

你送朋友一个人情，朋友便欠了你一个人情，一般来说，这个人情他是定要回报的。有人会觉得，这样一往一来，仿佛商品买卖，我给了你钱，你就必须给我商品。看来，给别人人情就是给自己储蓄。

人情的偿还，不是现场的交易，钱物两清，咱们两讫了，那样太没人情味，你不欠他，他不欠你，你去找他，他凭什么给你面子？所以，人情的偿还必须有机会，否则交情变成交易。对你来说，完全可以不给朋友机会，且让他的回报无期限等下去，这样一来，红利可观啊。

帮助别人，送与别人人情，还要注意一些应该忌讳的事项。

第一，帮朋友解决了借贷难题，以后，每次碰上朋友，聊着聊着就到了这个话题上，说上一两个小情节，以说明他的本事有多大。

第二，为朋友做了事，送了人情，等到大功告成，便不知道自己姓什么了。简单地说成复杂的，小事说成大事，生怕人家忘了。

这样下去，人情送足了，却因人情的善后问题而功亏一篑，这叫损了夫人又折兵。没有朋友会因为你不说，就会忘记你送的人情，多说反倒无益。人家可能尽快地还你一个人情，之后会敬而远之，即使你再有能耐，朋友也会另请高明的。生活中经常有这样的人，帮了别人的忙，就觉得有恩于人，于是心怀一种优越感，高高在上，不可一世。这种态度是很危险的，常常会引发反面的后果。帮了别人的忙，却没有增加自己人情账户的收入，正是因为这种骄傲的态度，把这笔账抵消了。

所以，做足了人情，给够了面子，你该坐享其成，一旦时机成熟，这些人情就会像出嫁的闺女一样，都会回到自己的娘家来。

"点滴之恩，当涌泉相报"，这也是周恩来崇尚的人生格言，难怪在举行遗体告别仪式时，围绕安卧在鲜花丛中的周恩来的遗体，群众的泪水把地毯洒湿了一米多宽的一圈。难怪会出现十里长街送总理，长夜无言、天地同悲的动人一幕。

生活中有许多人抱着"有事有人，无事无人"的态度，把朋友当作受伤后的拐杖，复原后就扔掉。此类人大多会被抛弃，没人愿意再给他帮忙，他去施恩，大概也没人愿意领受他的情。

永远记住一个物理的反应：一种行为必然引起相对的反应行为。只要你有心，只要你处处留意给人帮助，你将会获得更多的利益。

做人秘语

杜绝"一次性交际"的心态及行为。

究竟怎样去结得人情，并无一定之规。

有舍才有得

"取"是最终的目的，"予"只不过是达成目的的一种手段，"予"就是为了"取"。

舍就是得，小舍有小得，大舍则大得，不舍则不得。

在汉语的词汇里，舍与得经常是联在一起用的，最有哲学的味道。舍得，舍得，不舍不得。舍就是得，小舍有小得，大舍则大得，不舍则不得。所以，人生的学问不是如何去得，而是在于如何去舍，学会了舍才懂得了得。

《老子》第三十六章有这样的说法："将欲废之，必固兴之；将欲夺之，必固与之。"而另一经典名著《韩非子》引《周书》曰："将欲败之，必姑辅之；将欲取之，必姑予之。"意义基本相同。今天成语里的"欲取姑予"，说的也就是这个意思。

所谓"予"与"取"，它们之间的关系是辩证的、变化的，"取"是最终的目的，"予"只不过是达成目的的一种手段，"予"就是为了"取"。一切的予都是以"取"为前提的，都要看对自己是否有利可图。

换一种说法也就是说，在条件还不具备的时候，要想夺取或保存某种东西，可以暂时交出或放弃它，等待时机，创造条件，一旦时机成熟，再把它夺回来。

康熙即位时年龄很小，索尼、苏克萨哈、遏必隆和鳌拜四人做顾命大臣。在4个顾命大臣当中，鳌拜逐渐独掌朝政。鳌拜号称"满洲第一勇士"，性格蛮横强暴，为人勇武，极难制服。在他把持了朝政大权以后，大肆捕杀异己。他在朝廷之上专横跋扈、盛气凌人，对康熙视若无物，根本没有一点人臣之礼。他经常当众与康熙大声争论乃至训斥康熙，直到康熙让步为止。

康熙 14 岁时，按照当时的规定，可以亲政了，但有鳌拜专权，他无论如何是没办法亲政的，于是除掉鳌拜就成了当务之急。

那么，明捉不行，用什么办法才好呢？康熙终于想出一条妙计，不动声色地筹划了起来。

满族人很喜欢摔跤，康熙就挑选了一些身体强壮的贵族少年子弟，到宫中练习摔跤，练了一年多，技艺大有长进，康熙也不时到摔跤房去练习，居然也窥得了门径。宫廷中的王公大臣以及后妃太监尽知此事，但都觉得是少年心性，十分自然，没有任何人怀疑康熙有什么其他的动机。在不知不觉之中，康熙的这支"娃娃兵"就练好了。

在"练兵"期间，康熙还依照中国传统的"将欲夺之，必先予之"的做法，连连给鳌拜升官，鳌拜父子先后被升为"一等公"和"二等公"，再先后加上"太师"和"少师"的封号，不仅稳住了鳌拜，还使他放松了戒备。

在康熙16岁的那一年，一切终于准备就绪了，他先把"娃娃兵"布置在书房内，等鳌拜单独进见奏事时，一声令下，"娃娃兵"一齐涌上，顿时把鳌拜掀翻在地，死命按住，捆绑牢靠，投入了监狱。

在捉住鳌拜之后，康熙立即宣布了他的13大罪状，并组织人审判鳌拜，把鳌拜集团的首恶分子也一网打尽。

天下没有免费的午餐，任何获取都有成本，都需要付出代价。

从前，有一个人家里老鼠成灾，主人就找了一只猫回来捕鼠。这只猫很会捕鼠，但是也咬鸡。一段时间后，主人家的老鼠没有了，同时鸡也几乎被咬死了。于是，儿子对父亲说："我们为什么还要留着一只专爱咬鸡的猫在家呢？"父亲告诉儿子说："这里面有这样一个道理，老鼠不但偷吃我们的粮食，而且还咬坏我们的衣服，如此横行下去，我们岂不要挨饿受冻了吗？没有了鸡，我们只是暂时吃不上鸡罢了，但是比较一下，这和挨饿受冻又差着一大截呢，我们为什么要赶走猫呢？"

要想得到不挨饿受冻的日子，就必须养猫舍鸡，付出代价才能有回报，这就是要想取之，必先予之。可是，世人常常只想取之，不想予之，只想得，不想舍，贪得无厌，最后的结果是失去更多。舍是得的前提，敢大舍的人才能大得。

舍得才能获得；放下才能去争取新的目标；忘记才能心宁；宽容才能得众；反求诸已，做到无念无私，就是踏实自在。

做人秘语

天下没有免费的午餐。

任何获取都具有成本，都需要付出代价。

多送顺水人情

投桃在先，报李在后。

在家靠父母，出门靠朋友。

现代人交友，讲究的是看对方有没有人情味。人情是什么？人情是基本的礼数，人情更是财富。

多一个朋友多一条路。谁都有需要别人帮忙的时候，可是你不能总想着别人都来帮助你，你也同样要尽力地去帮助别人，这样不仅可以使你交到更多的朋友，也在你的人情账户上添加了一个正数。

重视情意观念可以扩充你的人脉，会为你日后的发展带来意想不到的帮助。情意观念要像金钱观念一样，多多益善，这样才能左右逢源。积累人情这一无形资本是人情关系学中最基本的策略和手段，是开发利用人际关系资源最为稳妥的灵验功夫。

一个风雨交加的晚上，有一对老夫妇走进一家旅馆要求订房。

但这家旅店已经被一个参加会议的团体包下了。接待他们的这个店员说："在这样的晚上，我实在不敢想象你们离开这里的处境。如果你们不嫌弃，可以在我的房间里住一晚。"

这对老人十分不好意思，但店员坚持说："我今晚就在这里值班，所以你们不必在意。"实在无处可去了，这对老夫妇便接受了他的好意。

第二天早上，老先生下楼来要给店员付房费。那位店员依然在当班，他婉拒道："我的房间是免费借给你们的，我一天呆在这里已经赚了不少额外的钟点费了。"

老先生说："你这样的员工是每个旅馆老板都梦寐以求的，也许我会为你盖一座旅馆。"店员听了笑了笑，他只当那是好心的玩笑。

几年后的一天，那个店员收到了老先生的一封来信，老先生邀请他到纽约去看望他，并附上了一张往返机票。

几天后，店员来到了曼哈顿，在一个街区的豪华大厦前见到了老先生。老先生指着眼前的大楼解释说："这就是我专门为你建的饭店。""您在开玩笑吧？"他不敢相信自己的耳朵，"您把我搞糊涂了！"老先生很温和地微笑着说："这其中绝对没有什么阴谋，只是因为我认为你是经营这家饭店的最佳人选。"

这个例子是报酬增加律的最佳写照，而报酬增加的原因，就在于他付出了比别人更多的人情。

当然，这位年轻人在无意地帮助了他人的同时不知不觉的积累了人情，甚至得到了想象不到的报答。

结得人情是一件很容易的事情，而且更多的时候是顺水人情。

对于一个身陷困境的穷人，一碗热饭的帮助可能会拯救一个生命；对一个正直的举动送去一缕可信的眼神，无形中这可能就是正义强大的动力；对一种新颖的见解报以一阵赞同的掌声，无意中这可能就是对革新思想的巨大支持。对一个陌生人很随意的一次帮助，可能也会使那个陌生人突然悟到善良的难得和真情的可贵。说不定他看到有人遭到难处时，他会很快从自己曾经被人帮助的回忆中汲取勇气和仁慈。

就像现在的市场上，找个饭碗是很多人人生的第一要事。可刚出校门的大学生在各种社会经验都还欠缺的情况下，仅仅靠自己的努力，要尽快找到一份如意的工作，难度自然很大。那么，已经有一定的社会经验积累，及有一定社会关系的人，不妨利用一下自身的优势，替那些做人之初的人搭搭桥、做做"媒"，事成之后，受益的人，自然而然地就会把你当作他可敬与可亲的朋友，铭记于心。

不是每一个人都可以因为一次人情而使自己的人生有重大的改变，但在你需要帮助的时候，有时一次人情也是制胜的关键。而且没有比帮助别人这一善举更能体现一个人宽广的胸怀和慷慨的气度了。真正想帮助他人的人是不计较回报的，但感恩图报是一般人都有的普遍心理，假如你能让别人欠你一份人情债，十有八九都会得到对方的报答。你可以无意识地这样做，也可以有意识地这样做。但无论如何，都不要刻意去追求报答结果的到来。

有的时候不帮助他人仅仅是少了个人情，有的时候还会失去很多。

战国时代有个名叫中山的小国。有一次，中山的国君设宴款待国内的名士。当时正巧羊肉羹不够了，无法让在场的人全都喝到。有一个没有喝到羊肉羹的人叫司马子期，此人怀恨在心，到楚国劝楚王攻打中山国。楚国是个强国，攻打中山易如反掌。中山被攻破，国王逃到国外。他逃走时发现有两个人手拿武器跟随他，便问："你们来干什么？"两个人回答："从前有一个人曾因获得您赐予的一壶食物而免于饿死，我们就是他的儿子。父亲临死前嘱咐，中山有任何事变，我们必须竭尽全力，甚至不惜以死报效国王。"

中山国君听后，感叹地说："怨不期深浅，其于伤心。吾以一杯羊羹而失国矣。"

施怨不在于深浅，而在于是否伤了别人的心。给予不在于数量多少，而在于别人是否需要。中山国君因为一杯羊羹而亡国，却由于一壶食物而得到两位勇士。这就是人际关系中的微妙。

不肯帮助人，总是太看重自己丝丝缕缕的得失，其实是在一步步堵死自己所有可能的出路，同时也在拒绝所有可能的帮助。

不要小看对一个失意的人说一句暖心的话，对一个将倒的人轻轻扶一把，对一个无望的人赋予一片真挚的信任。自己什么都没失去，而对一个需要帮助的人来说，也许就是醒悟，就是支持，就是宽慰。

一个人构建他的人情账户是非常重要的，是为人处世的明智之举。

做人秘语

要想人爱己，己须先爱人。

积累人情就是储蓄财富。

取之有道，善假于物

善于与强者结盟

借助强者可以使自己摆脱困境。

"累"了不妨到一棵大树底下歇荫。

有这样一则笑话：

一群人在一起，好闹事的癞头张三跳出来叫嚣："谁敢打我？"一群人都没有反应，癞头张三洋洋得意。这时，人高马大的李四慢腾腾地走了过来，扬起拳头说："我敢打你！"癞头张三一看阵势不对，搭着李四的肩头说："谁敢打咱俩?!"再没有人出来应声。

笑话是讽刺癞头张三的软骨病，现在看来，其实癞头张三并不简单，在看到形势不同的时候，能够迅速做出反应，将自己与强大的一方形成联系。

张三的做法有点像我们常说的"傍大树"、"抱粗腿"什么的，都是因为自己是弱小者，寻找一个比自己更强大的一方，借助他们的实力与势力，使得自己也能够摆脱弱小的地位，得到别人的关注与尊重，并实现一些在原来弱小者地位时无法实现的目标。

俗话说：大树底下好乘凉。的确，在你的背后，要是有个显赫的人物为你撑着，你的人生旅途自然畅通无阻。

但是，长期以来我们的传统教育总是叫我们要自尊、自立，不要去阿谀奉承，要有自己独立的人格，对那种投身强者的做法嗤之以鼻。因此，对于这种借助强者的做法不是公开唾弃，就是暗地指责，使得人人对依靠强者望而却步。

其实，如果排除所谓道德上的恶名，只要不是依靠强者去作恶，这种做法对我们的日常生活是很有益处的。

如果不是借助于强者，而是按照自己滚动发展的方式来进行自我积累，那么，要达到较高的位置需要的时间和精力都是非常大的，而且，可能付出了很多的时间、精力和财力而依旧不能达到自己期望的位置。但借助强者的优势，可以使自己很快从弱小地位摆脱出来。

正如前面说的，借助强者的优势，与强者联合，可以很快达到凭借个人之力很难达到的高度，大大地减少了成本。同时，由于你与强者联合，很多人就会自动将你和强者等同对待，你会获得不一样的关注和尊重，你也会获得很多人的支持和帮助，你能够整合更多的资源去实现自己的目标。

在大海之中，鲨鱼是一个十分凶狠的家伙，非常不好相处，许多鱼类都是它们的攻击目标，但有一种小鱼却能与鲨鱼共游。鲨鱼非但不吃它，反而为它供食。这种鱼的生存方式，就是依附于鲨鱼，鲨鱼到哪儿它就跟到哪儿。当鲨鱼猎食时，它就跟着吃一些残羹冷炙，同时，因为它还会为鲨鱼驱除身体上的寄生虫，所以鲨鱼不但不反感它，反而十分感激它。因为有鲨鱼的保护，所以它的处境十分安全，没有鱼类敢攻击它。

利用"与强者结盟"，可以在自己弱小时、能力不够时保证自己有发展的机会。借助强者的优势，如果运用得法，你可以避免那些强者的攻击，同时又获得只有强者才能得到的好感和尊重，而且能力会大有长进。

可以设想一下，一个从来不知名的企业，如果它能成为联想集团的软件提供商，那么，大家对它的印象和关注比它宣传自己的软件多么好多么好要深刻得多，它在你心目中的形象一下子就会从无数家提供软件的企业中跳出来，变得清晰无比，你会将它和联想集团形成一种固定联系。想到联想集团，想到联想集团的软件，你就会想到它。

所以，要尽可能地与比你强的人结交。但所谓与强者结交，不是指其身世，那是次要的，要着重考虑的是他们的美德，他们令世人瞩目的亮点。"近朱者赤，近墨者黑"，要尽量避免结交品德败坏的强者。否则，你会变得不可救药，令人愤恨。

怎样才能与优秀人物结交呢？有丰富的知识与良好的教养非常关键，这会使你得以与优秀人物结交并受到喜爱。

做人秘语

在你的背后有个显赫的人物为你撑着，你的人生旅途自然畅通无阻。

借助强者的优势，与强者联合，可以很快达到凭借个人之力很难达到的高度。

运用他人的智慧

强者喜欢跟强者在一起，只有弱者不喜欢跟强者在一起。

好汉也要三个帮。

他山之石，可以攻玉。他人之事，我事之师。吸取别人的经验教训，我们至少可以少走弯路，少跌跟头。

一个公司的发展，特别是在起步阶段，自身资源是最贫乏的，这需要领导者具备整合社会资源的能力和雄才大略。自身缺乏资源没关系，社会上具有最好的资源——最好的人才、最好的策划公司、最好的设计院等等，为何不把它整合成自己的团队？你不用，别人会用，甚至竞争对手会用。刘邦所以能得天下，是他心胸的大度胜过了项羽：运筹帷幄敢用最有智慧的张良，镇国安邦敢用最有谋略的萧何，打仗敢用最善战的韩信，甚至马夫也是用最勇敢的夏侯婴。如果张良、萧何、韩信等人为项羽或齐王、燕王所用，刘邦的下场可想而知。

通用汽车总经理斯隆曾说："把我的财产拿走，但只要把我的人才留下，5年以后，我将使被拿走的东西失而复得。"这句话极其深刻地表明了借用他人之力的重要性。

一个人是否有实力不要紧，只要他善于用人，照样能干成一番大事业。

西尔斯原本是一个代客运送货物的小商人，后来他开起一家杂货店来，专做邮购业务。他做了五年，生意仍无起色，每年只能做三四万美元的业务。他想，必须与人合作，借助他人的力量，才能把生意做大。

非常凑巧的是，当他萌发出合作的念头不久就遇到了一个理想的合伙人。一天晚上，他到郊外散步，突然一个骑马赶夜路的人来到西尔斯跟前，向他问路。此人名叫罗拜克，想到圣·保罗去买东西，不料途中迷了路，此时已是人困马乏。

西尔斯把罗拜克请到他的小店中住宿。当晚，两人谈得非常投机，于是决定合伙做生意，并成立一家以他们两人的名字命名的公司，即西尔斯·罗拜克公司。西尔斯有五年经验，罗拜克实力雄厚。两人联手，可谓相得益彰。合作第一年，公司的营业额达到40万美元，比西尔斯搞单干时增长了10倍。

西尔斯和罗拜克都不懂经营管理，生意大了就招架不住，两人都有了力不从心的感觉。他们决定寻找一个总经理，代替他们进行管理。

他们找到了一个合格的总经理人选。这个人名叫陆华德，在经营管理方面很有一套。他们把公司大权全部授予陆华德，自己则退居幕后。

陆华德严把进货质量关，决不让劣质品混进公司的仓库，以保证卖给顾客的每一件商品都"货真价实"。

那些厂商竟联合起来，拒绝向西尔斯的公司供货，因为他们认为陆华德对质量的要求过于苛刻。

但西尔斯从内心深处赞赏陆华德的做法，给他打气说："你这些日子太辛苦了，如果能少卖几样东西，不是可以轻松一下吗？"

受到鼓舞，陆华德更加坚定了严把质量关的决心。那些厂商见抵制无效，担心生意被别的供货商抢走，最终不得不接受陆华德的质量标准。

陆华德刻意追求质量的经营策略，使西尔斯·罗拜克公司因此声誉日隆，10 年之中，它的营业额增长了 600 多倍，高达数亿美元。

西尔斯作为一个外行，能够在短短十几年间，从一个微不足道的小商人，变成一个全美国知名的大富豪，得益于他用人的成功。他的用人手段其实很简单：找到一个值得信赖的人，然后授予全权。这正是用人的惟一诀窍。

曾子说："用师者王，用友者霸，用徒者亡。"成就大事的人，都不是孤军奋战者，他知道个人的能力再强也是微弱的，"好汉也要三个帮"，众木成林，众志成城。

王雪红就是这样一位借脑生财的成功者。王雪红，这位罕见的女创业家、投资家，在华人世界里几乎无人能出其右，即便在美国，也少见这样的女企业家。在男性为主导的高科技世界里，王雪红却开辟了一个自己的王国。

王雪红究竟是怎样走向成功的呢？

善用人才的智慧，是她成就大事业的基础。她善于运用别人的经验，借鉴综合，从而找到一条更好的道路，将企业引向一种全新的境界。

现在她的手下是清一色的男性专业经理人，并且许多是能力非凡的工程师。这些得益于她有识人之明，并且真正做到授权，充分发挥手下人的才智。

她旗下的陈文琦、林子牧，都是加州理工学院电机硕士，他们自创公司却与股东理念不合，失意时被王雪红发现，加入她购买的一家美国公司 VIA。陈文琦规划策略，王雪红负责市场，林子牧在美国掌研发，铁三角打造出今天的鼎盛局面。

随着一个接一个下属企业的创立，王雪红事业的版图清楚成形。

王雪红就是一位善借他山之石，为自己攻玉的人，她靠的就是充分发挥下属的智慧，利用下属的智慧，从而成为今天的台湾第一女首富。

做人秘语

他山之石，可以攻玉。

与强者为伍，可以受到来自强者的影响。

"借梯上楼"好办事

众多的"千里马"都是因众多的"伯乐"而得以奔腾万里的。

权威人士、名人的举荐与提携颇具分量。

俗话说得好："好风凭借力。"一个人在事业上要想获得成功，除了靠自己的努力奋斗外，有时还要借助他人的力量才能事半功倍。这种方法被称为"借梯上楼"法。

对于想获得成功的人来说，这里的"梯"指的是他人的能力，如名人、亲戚、朋友、同学等的地位、名望、财富或权力，而"楼"则是指你要获得的某种较为理想的目标。

一般来说，无论引荐者的名望大小、地位高低，只要对你的成功有所帮助，他就是你登上高山的好梯子，他的威信和影响对你都有用处。一般人对权威和名望有一种可靠、信赖的感觉，因而他们常常会从推荐者身上来估量被推荐者的能力和人格。

引荐者的知名度越高，你就越容易得到社会的承认、上司的赏识。唯有得到社会的承认，你的事业才算是真正的成功；否则，你就会被埋没，而枉有一身能耐。

1929年的一天，时任北平艺术学院院长的徐悲鸿去参观一个画展。

　　宽敞的大厅里，尽是一幅幅装裱精致的画，令人眼花缭乱。由于不少作画者墨守成规、闭门造车，致使画面陈旧，毫无新意。他看了一会儿，感到很不痛快。忽然，一幅挂在角落里的画引起了他的注意。他仔细端详品味着画面上那对虾，只见它体态透明，须尾舒展，生动逼真，笔法娴熟。这位观赏过许多艺术珍品的画坛大师立刻意识到，他发现了一位出类拔萃的艺术人才。当他得知此画的作者竟是一位年愈六十、木匠出身的老头时，不由得感叹一声："我为这个怀才不遇的人感到惋惜，真没想到在角落里还藏着一位杰出的艺术大师啊！"这位国画大师就是齐白石。

　　没过几天，徐悲鸿就聘请齐白石任北平大学艺术学院教授，并亲自乘车接齐白石到校上课。一年后，由徐悲鸿亲自编辑作序的《齐白石画集》问世。从此，画坛又添一星。

　　经常可以看到这样的现象：由于人们所处机构的层次不同，便严重影响社会对自身的评估。处于声望较低机构中的人，尽管其才能或成果是一流的，却往往不能得到施展和承认；而相反，在声望较高的机构中工作的人，可能其才能或成果是二流的，甚至是三四流的，但却容易人尽其才，被承认的机会相对要多得多。

　　那么，我们怎样使自己的才华得以施展、成果得到承认呢？寻求权威人士、名人，他们身居上层，职居高位，他们的举荐、提携颇具分量。

　　如何得到权威人士、名人的举荐、提携呢？自古以来就有伯乐识千里马之说。从古至今，众多的"千里马"都是因众多的"伯乐"而得以奔腾万里的。

　　少年得志的刘基，很想为元朝尽忠，做一番轰轰烈烈的事业。当时正处于元朝末期，官场腐败，吏治不清，整个社会统治已是摇摇欲坠。他以身作则，为官清正，时常与那些贪官污吏作斗争。可是没过多久，却碰了个满鼻子灰。上任后不久，由于受人嫉恨而被排挤回家。

　　官场失意对刘基的打击是非常沉重的。无奈之余，他只得隐居山林，写诗作赋，抒发他怀才不遇、报国无门的抑郁心情。

正当他报国无门之时，朱元璋希望他出来辅佐自己干事业。

朱元璋礼贤下士的态度使刘基那颗已经冰冷的心重新得到了温暖。朱元璋为了笼络像刘基这样的文人，专门修建了一所礼贤馆，对文人们给予特殊的待遇。而且每当听到他们谈论高深的政治见解时，便会心动、立即采纳他们提出的正确意见。刘基觉得总算遇到了明主，便忠心耿耿地辅佐朱元璋，他决心利用自己的军事才能，为朱元璋建立强大的军事力量。事实也是如此，刘基帮朱元璋成就了帝业，他自己也名垂青史。

在当今社会，成功是人们梦寐以求的渴望。漫长的人生之路，有些人为追求成功付出了巨大的代价，最终却事倍功半。他们经常自怨自艾：可惜我满腹经纶，却始终没有出人头地的机会。然而，灰心只能使你丧失自信，要想成功，仅有旷世的才华还远远不够，还要找到赏识你的贵人。

"识货"的老板，是我们一生中不可或缺的贵人，他能使我们迅速接近成功。只要我们练就一双慧眼，找到"识货"老板，何愁没有用武之地呢？

做人秘语

好风凭借力，送我上青云。

一般人对权威和名望有一种可靠、信赖的感觉，因而人们常常会从推荐者身上来估量被推荐者的能力和人格。

自己的广告自己做

多为自己做广告。

自己的命运，自己开拓。

一个人要想出人头地，用点儿"手段"，适当抬高自己的身价，多为自己做广告，要比呆在角落里等着被别人发现强百倍，甚至千倍，只有这样你才能为众人所认同，当然，这需要你冒很大的危险，但成功几率却也是非常之高。那么如何提高自己的身价呢？掌握点技巧是很必要的。

刘备自称汉中王，要把大本营迁到成都，因此必须挑选一名大将镇守汉中。选谁呢？一班人等，包括张飞本人，都认为非张飞莫属，不料刘备却看中大将魏延，破格让他担任镇远将军，兼汉中郡太守。结果一公布，全军震惊。

刘备在一次宴会中，问魏延："如今我委托你担当重任，你有什么打算呢？"魏延的话真提气，他说："若曹操举全军来犯，我为大王抵挡他；若曹操派偏将统率十万兵力来犯，我为大王吞下他。"

刘备听了心里爽极了，在场文武官员也啧啧称叹。后来张飞等人也没什么意见，看来魏延这牛皮吹得很有水平。

那些拥有惊世才能的人，不懂得表现，就等于自我埋没。谦虚固然是一种美德，但如果过度，也不会得到上司青睐，给人的感觉是这个人平凡无奇、没有才华。

部属需要适度地自我推销，古时尚有"毛遂自荐"，何况有着现代观念的今天，为什么要害羞呢？自己的命运，自己开拓。

现在的社交崇尚自我表现。因为在交际应酬中不会适当表现自己的人，很难获得高质量的交际效果。善于交际应酬的人，总是尽量把自己的长处呈现于朋友同事面前。比如，伶俐的口才、渊博的学识、温文尔雅的举止、典雅的服饰，都会给人带来一个良好的交际印象。

赵先生有一件很普通的事，但却很值得我们深思：

夏天的一个傍晚，赵先生去看望一位从香港来的客人，因这家饭店距他家很近，没有更换整洁点的衣裳，穿着旧布衬衫就去赴约。守门的警卫见他穿着如此寒酸，立刻绷紧了头脑里的那根弦，盯着他上电梯又走过来盘问，弄得他一时非常尴尬。他不得不面带嗔怒地给了门卫几句，门卫才不好意思地悄悄走开，不过他的心里却感到很别扭。跟朋友说了这件事，朋友笑笑说："你这身打扮是差点儿。"从此只要是去这些地方，不管多么匆忙，赵先生都要换件像样的衣服。

诚然，以貌取人，让人觉得没有教养，其实反过来一想对穿着打扮不花一点心思，任由自己的性子来，是否对人也不够尊重呢？就拿佩带首饰来说吧。

许多女性佩戴首饰，完全不是出于美容或炫耀目的，而是为了社交需要，为了能在正式的场合中体面。身为人妻且丈夫聚会很多者、从事公关或礼仪接待工作者等等多半属于此类。一位妇女的心态是这种心理的鲜明写照："其实我不喜欢戴首饰，平时在家或外出我就不戴。但逢到我丈夫有宴会或要参加一次重大聚会活动时，我就不得不带了。这样庄重的场合，不戴有些不合体统。而我先生这样的活动却很频繁，因而我不得不买很多首饰。"

其实，做人的技术很大部分不过是创造一个好形象，只要有办法做到，让人不敢小瞧是再正常不过的事情。下面有几个比较实用的手段：

(1) 购买"豪华配件"。

一件豪华配件，例如一块"劳力士"，其实很能保值。不少古董表更能升值。花几万买一只名表，将来万一卖掉，说不定还有钱可赚。

曾有一个洋朋友开法拉利跑车，好不威风，开这样的车，人人都说他是豪客。其实跑车是此人托人买到的便宜二手车，但每次卖车都能赚钱。于是他每年都换车，别人还都在羡慕他的阔气。

(2) 流行时尚也会给人很"酷"的感觉。

时下的偶像明星，穿着打扮上无不出奇制胜，就是希望留给观众鲜明而深刻的印象，吸引更多影歌迷。

跟随这阵偶像旋风，不少人都染黄了、染金了、染白了头发；男子蓄长发穿长裙，女人理平头穿西装打领带——男不男，女不女，老不老，小不小，乱七八糟，奇形怪状，似乎是这股潮流的重点。跟潮流花费金钱不至于很多，却适合年轻人。

俗话说"人微言轻"，如果你的穿戴不够体面，就无异于是唆使别人看不起你。要想人前人后脸上有光，不动番脑筋是不行的。

另外应切记：无论你多么卓尔不群，也不要在公众场合大肆说时尚的坏话，因为流行物便代表大众的审美标准——包括你的熟人。你去谴责时尚便是骂他们低俗，绝不会给人好印象。人们会在心里说："你又有什么了不起的，看起来像个小丑、乞丐，可笑得很！"要心随精英，口随大众。愤世嫉俗，不愿承认以衣貌取人的社会现实，会栽倒于众人的唾沫之中。

适当地提高自己并不是清高自负。在言行上贬低别人，如用旁若无人的高谈阔论、矫饰的表情、夸张的动作来表现自己，就会使人产生反感。

怀才不遇，壮志难酬是每位有本事的人都可能遇到的境况，这个时候郁郁寡欢、不思改变的话你可能真的从此淹没。如果你想改变自己的命运，那么自做广告，适当提升自己往往会有奇效。

做人秘语

不懂得表现，就等于自我埋没。

适当地提升自己并不是清高自负。

分析形势，收放自如

凡事不要斤斤计较

做大事者，就不会追究一些细碎的小事。

欣赏美玉的人，不会在意美玉上一点瑕疵。

有一位老禅师，一天晚上在禅院里散步，发现墙角有一张椅子。

禅师心想：这一定是有人不顾寺规，越墙出去游玩了。

没多久，果然有一位小和尚翻墙而入，在黑暗中踩着老禅师的脊背跳进了院子。

当他双脚落地的时候，才发觉刚才踏的不是椅子，而是自己的师父，小和尚顿时惊慌失措。但出乎意料的是，老和尚并没有厉声责备他，只是以平静的语调说："夜深太凉，快去多穿件衣服。"

小和尚感激涕零，回去后告诉其他的师兄弟。

此后，再也没有人夜里越墙出去闲逛了。

用一颗谅解和关怀之心去对待无心之过，远比施以暴行来的有效。

成功者永远清楚地知道自己在什么位置上，也明白自己要到什么位置上去，更知道从这个位置向那个位置移动时，自己应该做什么，从不斤斤计较。而一个失去进取心的穷人永远也找不到自己的位置，即使有一个位置，也不知道在这个位置上应该做什么，还时常怕吃亏。因此，要成为一个成功者，首先要不拘小节，不要把得失看得太重，斤斤计较只会让你在原地不动。

一个人小时候因为家里穷，小学毕业就务了农。在家务农时，他很苦恼，整日琢磨如何翻身过上好日子。

终于有一天，他找到县机械厂厂长，说要到厂里做工。因为那时进厂做工，一个农民子弟根本不可能进去。但他说他一分钱也不要，进厂做什么都行。

也正是他一分钱也不要，厂长在同情的基础上点头同意了，允许他可以在不忙的时候进厂干活。尽管一分钱也没有，但他什么活都愿意干，不怕脏，更不怕累。当时有许多人说他傻或有神经病，但他不在乎，只是默默地干他的活。

厂里有个老技术工，见他人不错，就收他为徒弟。在农闲的时候，他以厂为家，专研技术，一年多的时间，就成为了技术合格的工人，第二年就成了厂里不可或缺的技术骨干。

厂里看到他人品好，技术好，就破格吸收他做临时工，待遇虽然只是正式工人的三分之一。但他并不计较，仍然踏踏实实地埋头苦干，业余时间专研技术难题，并且在同行业技术比赛中多次获得第一名，得到上级领导的关注，把他转正了。此后他就从段长做到车间主任，一直做到副厂长。再后来，他抓住了企业改制的机会，承包了工厂，并取得了重大的成功。

做人，不要斤斤计较，凡事都要有点忍耐的精神。一个成功者之所以能够做出惊人的事迹来，最主要的就是他不把一些暂时的小亏放在心上，而是坚持着忍者的精神继续向目标奋进。

有一只淘金队伍在沙漠中行走，大家都步履沉重，痛苦不堪，只有一人快乐地走着。别人问："你为何如此惬意？"他笑着说："因为我带的东西最少。"原来快乐很简单，不要斤斤计较就可以了。

是的，快乐就是这么简单。那么我们在职场中又如何做到这些呢？

职场上，在与同事相处的过程中，最怕的就是太过认真仔细、斤斤计较。相反，如果能够在与同事相处时做到宽容别人，那么就没有处理不好的同事关系，没有化解不了的恩恩怨怨。

如果你要认真地计较的话，每天你随便也可以找到四五件生气的事情。你为小事而计较，暗自把这些事情记在心里，伺机报复，但这种仇恨心理，不但无法损害对方分毫，更会影响自己的情绪，自食其果。所以，还是不要斤斤计较的好。

假如在职场上，遇上一个尖酸刻薄的同事，最好要和他保持距离，不要惹他；万一吃亏，听到一两句刺激的话或闲言碎语，就装点糊涂，一笑而过。

而对于擅长挑拨离间的同事，首先要注意谨言慎行，和他保持距离；当有一天，有什么是非发生，应该用心去化解，虚心忍耐，同时要保持心胸如大海；最重要的是可以在平时就联络其他同事，建立联防及同盟关系，将他孤立起来，如果他向任何人挑拨或离间，都不要为之所动和受影响。

如果与你相处的是一个经常好翻脸无情的人，由于这类人一旦遇到与自己利益相关的争夺一定会立刻翻脸。所以，对付翻脸无情的人，有效的做法是先"留一手"，化被动为主动；在没有利害关系时，各干各的活，不去主动招惹。

如果相处的是一个心胸狭窄的人，由于这种人的内心从来都容不得人和容不下事。而且，他们对比自己强的人嫉妒，对不如自己的人又看不起。同时生性多疑，一点小事也常常折腾得吃不好睡不香。因此，与这样的人相处，要有大度的气量。如果气量大度，胸怀宽阔，就会使那些不愉快的事化为乌有。同时，对心胸狭窄的人也是个教育。

此外，在爱情生活中，女人不能斤斤计较。爱情本来就是需要双方互相付出的，如果在爱情中太斤斤计较，那么你的爱就会变得太疲惫，因为你考虑了太多得失，这不仅会慢慢地磨灭你对爱情的期待，还会让你的爱人觉得你不真诚，那么爱情的持久性也就会受到怀疑了。有时候不用去计较两个人当中谁付出得多，谁付出得少，因为爱情是没有办法量化的，如果老是觉得自己付出太多，而对方付出的太少，又不断地强迫着对方去迁就自己、满足自己，那么两人就不免会产生摩擦。本来在一起的时间就不是很多，再用这些时间来计较两人谁付出多少，那么这样的感情维持起来就会很累，维持的时间也就不可能很长了。有时候，感情就不应该太计较，既然爱他，那还计较什么呢？

做人秘语

凡事看开点，那些生不带来、死不带走的东西，老是计较就会不开心的，吃点亏也是无所谓的。

太阳每天都是新的，放开不必要的计较，开心地过每一天。

抓住机会，脱颖而出

机会是至为宝贵的。

应当紧紧地抓住机会，在适当的时候表现自己。

中国人爱把"含而不露"看作一种美德，一个人的优点、成绩和才能，只能由别人来发现。至于自己，尽管你已做出许多成绩，有渊博的知识和惊人的才华，也只能说自己"才疏学浅"。如果有谁锋芒太露，就容易招来非议。人们喜欢恭顺谦让者。因此，"毛遂自荐"的故事，听起来总不如"三顾茅庐"那样入耳。勇于表现自己才华的人，也总不如"谦谦君子"那样受欢迎。

然而，在今天竞争激烈的年代，一味地做"谦谦君子"，却有可能成为一大缺点。竞争就是要"竞"要"争"，就是要敢于和别人去一比高下。

在角色多如牛毛的社会舞台上，总有一些人一出场就能赢得满堂彩，一抬首、一立足就能显出与众不同，惹人注目。而我们大多数人，却仿佛注定了默默无闻，只是来来往往，不会令田里的农夫忘记锄地，也不能吸引众多的眼光注目。我们的平凡无奇，仿佛是无力改变的，仿佛就是为了衬托出"红花"的娇艳美丽。

你甘心一辈子只做"绿叶"吗？你难道不想当一回社交圈中的明星，风光一回吗？你难道不想让别人对你过目不忘、艳羡不已吗？

有的人尽管优秀，但总难以出人头地，因为他不能获得别人的关注。成功在一定程度上需要得到别人的认可，所以，应该在适当的时候表现自己，让别人的眼睛注意到你。

一般来说，主管能够抢功的最大原因就是隔断了高层主管与下级员工之间的可视度，使自己能够瞒上欺下，冒报业绩，如果你能够使高层注意你的才能，乘机获得高层主管的信赖，是你防止主管抢功的另一高明手段。

要让高层主管看到你的表现，有一个很好的渠道，就是 E-mail。一般公司都会为每位员工建一个专用 E-mail 邮箱，用于下达任务、上报请示或传达一些通知。如果你有个业务完成了或是有个成果出来，可以利用 E-mail 沟通。除了寄给自己的直属主管外，也可以寄副本给上一级的主管，汇报文件工作完成了，这样当主管向高层邀功时，能够让高层很清楚地明白谁是小人，谁是君子。

现在很多公司都会举行员工大会，让员工提出一些对公司的建议或需要解决的问题。如果平时你没有和高层主管接触的机会，你可以借此机会指出公司存在的一些问题。因为你是为公司着想，高层领导会觉得你是与公司荣辱与共，绝对不会因为你的话而感到不舒服。当然，最重要的是你能够提供解决的办法或者改进的方案，如果可行性强，那么你的才能在高层主管心中一定会留下很深的印象，而且还有可能就让你负责这个项目，这样自己的直属主管有所顾忌，就不敢随便抢功。

当然，你也不要恃宠而骄，对直属主管下达的任务要高质量地完成，不要因此坏了自己在众同事心中的形象。

在今日瞬息万变的竞争环境中，人们每日为工作所忙，实在没有充足的时间去慢慢发掘人才或主动与下属交流以了解其才华。因此，如果你身为下属，仍然只是事事表现谦让，或未能把握机会表现自己才华，或不知主动积极争取发挥一己所长的良机，则恐将使你丧失出人头地或成功的机会，也会因有志难酬而抱憾终身。所以应该把握机会，勇敢秀出自己。每个人都拥有许多机会，但机会还需自己伸手把握。

没有人天生就能拥有比其他人更耀眼的光芒，每个人都必须学习如何吸引他人关注的目光，特别是在人生的起步阶段，应该让自己的名字和声誉附上一种与众不同的特质，使自己超越于别人。这个形象可以是某种个人化的穿着打扮，或是让人们津津乐道的生活逸事，或是由内到外折射出的性格气质。一旦建立起了自己的良好形象，就会在闪亮的星空中占据一席之地。

熙熙攘攘的人群中，总会有人虽也如惊鸿一般飘然而过，却让你久久回首，难以忘记；社交聚会中，每个人都明艳照人，使尽浑身解数博取注意力，而有人却独领风骚，让人以为他是一个大人物，急于结交。

社会变革的加快，加速了知识更新的步伐。在现代社会，人们的才能和精力都受时间的制约。错过了时机，知识就会贬值，精力就会衰退。如果一个人不能在自己的黄金时代抓住机会，大胆地、主动地贡献出自己的聪明才智，若总是"藏而不露"，那就会贻误时机。等到有一天别人终于发现你时，也许早已错过了时机，你的知识和特长已经成为过时的东西。在知识骤增的今天，不管你怎样"学富五车"，也只能在短短时间内保持优势。能不能在这短短的时间内获得施展的舞台，将成为决定你成败的关键。现代社会是人才济济的社会，可供社会选择的人才很多。你既然扭扭捏捏，羞羞答答，表示自己这也不行、那也不行，那么，有谁还愿意放着明摆的能人不用，而花时间来考察了解你呢。而且，既然存在着竞争，对于机会，别人就不会同你谦让，而会同你竞争。一旦你失去被选择的机会，别人就会捷足先登，而你只好自叹弗如了。

社会热切需要不同凡响的人物能够挺身而出，他们最好超越一般平常大众之上。因此，永远不要害怕让自己拥有与众不同且吸引目光的特点。惹是生非、受人攻击都好过无人问津、碌碌无为，几乎所有的行业都遵循这一法则，实际上所有的专业人士都应该带点演员的气质，在自己的人生舞台上，导演出一场神秘的戏剧，或正面，或反面。

莎士比亚认为，只有在我们展现出自己的风采、运用自己的天赋"光照世界"的时候，天赋才会成为天赋。那么，你为什么要掩藏自己的才能呢？就让才华的火炬熠熠生辉，用熊熊的火焰照亮这个世界吧！

做人秘语

抓住机会，使自己的个性亮起来，成为关注的焦点。

显示自己的才能，不是出风头，而是对自己的尊重以及对社会的负责。

坦率地承认错误

过而不文，闻过则喜，知过能改。

面对自己犯的错误，最好的办法是坦率地承认。

人犯了错误往往有两种态度：一种是拒不认错，找借口辩解推脱，或者直到被逼得没有办法的时候，才极不情愿地说句道歉的话；另一种是坦诚承认错误，勇于改正，并尽可能快地对事情进行补救。

前一种人很难取得大家的谅解，后一种人反而能取得人们的谅解。

其实，承认错误是一个人最大的力量源泉。正视错误，你会得到错误以外的东西。

罗卡斯是纽约的一家公司的采购员，一次正常的采购完毕之后，一位中国商贩向他展示了一款极其漂亮的新式手提包。可这时他的账户已经告急。他发现自己犯下了一个很大的估计上的错误。因为公司规定不可以超支所开账户上的存款数额。如果你的账户上不再有钱，你就不能购进新的商品，直到你重新把账户填满——而这通常要等到下一次采购季节。他知道此时自己只有两种选择：要么放弃这笔交易，而这笔交易对公司来说肯定会有利可图；要么向公司主管承认自己所犯的错误，并请求追加拨款。于是他向公司主管解释了所发生的一切。

尽管公司主管不是个喜欢大手大脚地花钱的人，但他深为罗卡斯的坦诚所感动，很快设法给罗卡斯拨来所需款项，手提包一上市，果然深受顾客欢迎。

罗卡斯正是因为向上司坦率地承认了错误，不仅得到了上司的原谅，而且还获得了上司的支持，使自己获得了更大的成功。

吃五谷生百病，人不是神，总有自己的缺点，谁都难免会犯一些错误。当我们犯错误的时候，脑子里往往会出现想隐瞒自己错误的想法，害怕承认之后会很没面子。这是因为人们大都有喜欢为自己辩护、为自己开脱的弱点。而实际上，这种文过饰非的态度常会使一个人在人生的航道上越偏越远。久而久之，自然养成了"一贯正确"的意识，一旦真的出现过错，则在心理上难以接受。出于对面子的维护，人们会找理由开脱，或者干脆将过错掩盖起来。另外的原因是怕影响自己在他人中的威信及信任。其实，承认错误并不是什丢脸的事，反之，在某种意义上，它还是一种具有"英雄色彩"的行为。因为错误承认得越及时，就越容易得到改正和补救。而且，由自己主动认错也比别人提出批评后再认错更能得到别人的谅解。更何况一次错误并不会毁掉你今后的道路。而真正会毁掉你今后的道路的，是那不愿承担责任、不愿改正错误的态度。如果作为下级，敢于正视自己的过错，可能会更加得到领导的赏识与信任；如果是作为上级，则勇于认错也会使下属对自己更加敬重，从而提高自己的威信。

马克是一家公司的主管，有一次错误地付给一位请病假的员工全薪。在他发现错误之后，就告诉这位员工要在下次薪水支票中减去多付的薪水金额。但这位员工说自己经济紧张，这样做会给他带来严重的财务问题，因此请求马克分多次扣回多领的薪水。但马克没有这个权力，必须先获得他老板的核准。"我知道这样做，"马克说，"一定会使老板非常不满。但我知道没有更好的方式来处理这种事情，而且这一切的混乱都是我的错误，我必须在老板面前承认。"

于是，马克来到老板的办公室，向老板说了详情并承认了错误。老板听后大发脾气，先是指责人事部门和会计部门的疏忽。马克见此情况，内心非常不安，急忙向老板反复解释说这是他的错误，不关别人的事。老板沉默了片刻，看着他说："好吧，这是你的错误。现在把这个问题好好解决一下吧。"

这项错误改正过来了，没有给任何人带来麻烦。但自那以后，老板更加看重马克了。

勇于承认错误，使马克得到了老板的信任。其实，一个人有勇气承认自己的错误，也可以获得某种程度的自我安慰感。这不仅有助于清除罪恶感，而且有助于解决这项错误所造成的问题。

"人非圣贤，孰能无过?"一个人再聪明、再能干，也总有失败犯错误的时候。因此，对一个欲求达到既定目标、走向成功的人来说，正确对待自己过错的态度应当是：过而不文、闻过则喜、知过能改。

做人秘语

承认错误是一个人最大的力量源泉。

敢于承认错误的人最值得信赖。

巧用机会好办事

利用机会求人，成功的可能性更大。

求人的机会，具有巨大威力，不可小看。

　　做人做事，不可急功近利，要善于寻找机会。善于放长线钓大鱼的人，看到大鱼上钩之后，总是不急着收线扬竿，把鱼甩到岸上。因为这样做，到头来不仅可能抓不到鱼，还可能把钓竿折断。他会按住下心头的喜悦，不慌不忙地收几下线，慢慢把鱼拉近岸边；一旦大鱼挣扎，便又放松钓线，让鱼游窜几下，然后又慢慢收钓。如此一收一弛，待到大鱼筋疲力尽，无力挣扎，才将它拉近岸边，用提网兜拽上岸。

　　求人也是一样，如果逼得太紧，别人反而会一口回绝你的请求。只有耐心等待，寻找机会，才会有成功的喜讯。

　　有时候你去托人办事，对方推着不办，或者故意推脱。这时，你若仅仅靠软磨硬泡去纠缠很难奏效，甚至会把对方"磨"火了、缠烦了，反而更不利于办事。所以，求人办事一定要利用好机会。

　　清光绪年间，镇江知府大人想为他的母亲做 80 大寿，消息传出来后，马老板愁眉顿开，高兴万分。马老板为何高兴？原来那时镇江木号的木材，大部堆在江里。为此，清政府每年要索纳几千两银子的税贴。木号的老板们为了放宽税贴，只好向知府大人送礼献媚。可这位知府自称清正廉明，所赠礼品均拒之门外。

　　马老板正在设法寻找接触的机会，听说知府的老母要做大寿，顿时觉得这是一个机会。他知道知府大人是位孝子，对老夫人的话是百依百顺。只要打动了这位老夫人，也就等于说服了知府大人。

　　马老板派人打听老夫人喜欢什么，得知她最喜欢花。可眼下初入寒冬，哪来的鲜花呢？马老板灵机一动，有了办法。

　　老夫人做寿这天，马老板带着太太一行早早来到知府大人的后衙。马太太一下轿，丫环们就用绿色的绸缎从大门口一直铺到后厅，马太太在地毯上款款而行，每走一步就留下一朵梅花印。朵朵梅花一直"开"到老夫人的面前，祝老夫人"寿比南山，福如东海"。老夫人听了笑眯眯的，连忙请他们入席。

　　宴席期间，上了 24 道菜，马太太也换了 24 套衣服，每套衣服都绣着一种花，什么牡丹、桂花、荷花、杏花……看得老夫人眼花缭乱，眉开眼笑。直到宴席结束，马太太才说请知府大人高抬贵手，放宽木行税贴。老夫人正在兴头上，忙叫儿子过来，吩咐放宽马记木号的税贴。既然母亲开了"金口"，孝子不能不点头答应。

从此，马太太成了知府家中的常客，每次来都"借花献佛"。那孝顺的知府大人也因母命难违，就对马老板另眼相看。

有时你想求人为你办事，对方却不一定愿意当你的贵人，不想给你办。怎么办？这就要想办法，世上没有攻不破的堡垒，更没有感动不了的人。像马老板就很会利用机会。求人帮助，尤其求那些功成名就的人、那些身怀绝技的人、那些个性特立的人，是需要下一番功夫的，要利用好机会。

某公司老板孙先生眼下资金周转不灵，如不及早筹措到位，会直接影响公司的生意和声誉。他本想向银行贷一笔款，但是，银行却不愿意再多借给他一分钱。

就在这个时候，孙老板忽然想到找马先生帮忙。此人身为一个纺织公司的董事长，却是一个非常吝啬、一毛不拔的人。如果照常理推断，钱是绝对借不到的，不过孙老板还是想试试看。

孙老板深知如果用一般的方法向他借钱，绝无成功的可能。他经过片刻思考后，就下定了决心，打电话给马先生，约好见面的时间和地点。

到了约定的那一天，孙老板很早就搭车前往，然而在离马先生家还有150米时，他就下车开始全速跑向马先生家。

那个时候正好是夏天，孙老板当然是满身大汗。马先生见了他非常诧异地问："咦！你怎么搞的？"

"我怕赶不上约定的时间，只好跑步赶路！"

"那你怎么不坐计程车呢？"

"我很早就出门了，坐公共汽车来的，不过因为路上发生了车祸，所以耽误了一些时间。但是，我又怕时间来不及，只好下车跑来了，所以才会满身大汗呀！"

"像你这种人也会坐公共汽车吗？"

"怎么？您不知道我是个吝啬之人吗？我怎么会坐计程车呢？坐公共汽车既便宜又方便，而且自己没有私车的话，也可以省了请司机的开销。父母赐给我的这双脚最好了，碰到赶时间的时候，只要用它跑就可以，既不花钱，又可强身，多好呀！我这种吝啬的人哪会像你们大老板一样有自己的私车呢？"

"我也很小气啊！所以，我也没有自家的车子。"马先生谦逊地说。

"您那叫节俭，我这叫小气，所以才有'小气鬼'的绰号。"

"但是我从来没听说过你是这种人。其实，我才真的被人认为是吝啬鬼！"

"马先生，人不吝啬的话，是无法创业的，所以，人不能太慷慨。我们做事业的人都是向银行或他人贷款来创业的，当然是应该节俭，千万不能随便地浪费钱啊！我们要尽量地赚钱，好报答投资的人。钱财只会聚集在喜欢它、节俭它的人身上……我经常对属下这么说。"

孙老板的这些话使马老板产生了共鸣，于是一反常态地借钱给这个相见恨晚的孙老板。

求人办事时，对方能不能答应你的要求，能不能全力帮助你把事情办成，关键在哪里？关键在你能不能制造出有利的机会，好好利用这个机会来求人为自己办事。

请求别人，一定要选择好时机。当别人忙时或正在发怒时若不知趣开口求人，那别人不是敷衍你就是对你翻白眼。而善于利用机会者，就能在别人高兴时顺势求人，在对方容易接受的时候讲出来，可以让对方接受你的请求，这种趁虚而入地请求别人当然成功率要高得多。

做人秘语

请求别人，一定要选择好时机。

将计就计，后发制人

就计未必是患，后发也能先至。

将计就计设奇局，后发制人策大力。

"将计就计"语出《三国演义》：诸葛亮草船借箭之后，曹操心中气闷。荀攸献计，派两个人去诈降。周瑜接待了前来假降的蔡中和蔡和，并且重赏了两人。但暗中却对部将甘宁说："此二人不带家小，非真降，乃曹操使来为奸细者，吾今欲将计就计，教其通报消息。"果然，黄盖献苦肉计，周瑜当众怒打黄盖，打得皮开肉绽。二蔡秘密送信给曹操，使曹操相信并接受了黄盖的假投降，结果被黄盖火攻，造成赤壁之战的大败。

将计就计的关键是识破敌人的计谋和他们所想达到的目的。只有这样，才能反其道而行之，使对手吃苦头，而且往往苦头还是对手自己找的。

在这方面，吃过此亏的厚黑学处世"祖师"曹操也是高手。

孙权擒杀关羽之后，正志得意满，其主要谋士张昭求见告诫他："您杀了关公父子，关公是刘备结义的兄弟，曾誓同生死。刘备一定会起倾国之兵，奋力报仇。现在，曹操拥百万大军，虎视华夏。刘备要兴兵报仇，必定要与曹操讲和。假如两处联兵而来，我们就危险了！"

孙权恍然大悟，大惊失色。

于是张昭献计："我们可先派人把关羽的头送给曹操，以让刘备觉得我们之所以擒杀关羽是曹操的指使。这样，刘备必恨死曹操，西蜀之兵也就不会攻我们，转而攻曹操。我们则坐山观虎斗，然后从中取事。这才是上策。"

孙权大喜，同意张昭的计策，马上派使者把关羽之头盛入木匣中，送到曹操那里。

曹操因为不久前关羽水淹七军，又大挫曹仁，正坐立不安，看到关羽头颅送到跟前，顿觉解除了心中大患，十分高兴。

但主簿司马懿却告诫他道："这是东吴嫁祸于我们的奸计!"

曹操忙问原因。

司马懿回答："当年刘、关、张桃园结义时，誓同生死。现在东吴杀了关羽，怕刘备报仇，所以才把关羽首级献给您，以使刘备迁怒于我们。东吴却想在我们和刘备两败俱伤时，坐收渔翁之利!"

曹操听了，恍然大悟，于是听从司马懿的建议，把关羽首级配上香木刻成的身躯，然后以大臣之礼隆重安葬。并率领文武百官，以王侯之礼隆重为关羽送葬。曹操还亲自在灵前拜祭，并追赠关羽为荆王，派专门官员长期守护关羽之墓。这种葬礼，以曹操的身份和人格，可以说绝无仅有，可见对关羽的尊崇礼敬。

刘备闻知，果然只恨东吴，倾国出动攻打东吴，结果两败俱伤，令曹操坐收渔利。

孙权本想嫁祸于曹操，但被技高一筹的曹操识破，于是曹操将计就计厚葬关羽，使孙权的计谋破产，并使形势有利于自己。

将计就计是兵家常用战术，但运用在商业竞争中同样奏效。

20 世纪 70 年代中期，石油富国沙特阿拉伯对外宣布要在本国东部杜拜兴建大型油港，预算总额为 10 亿～15 亿美元。这一场堪称"世纪工程"的夺标大战在中东弹丸小国巴林展开。

欧洲五大建筑公司已早早踏上了这个小国，企图先声夺人。另外，美国、法国、日本等国家的头号建筑公司也匆匆从远道赶来进行角逐。最后一个到来的，是韩国郑周永率领的现代建设集团。

"世纪工程"的招标还没正式开始，各路豪杰已在暗地里互相斗法了。

一天，郑周永的好友、大韩航空公司社长赵重勋突然来找他。异国老友相逢，格外亲切。赵重勋盛情邀请郑周永去叙旧。

在一间幽静的小单间，他们边喝边聊起来。酒过三杯，赵重勋劝郑周永放弃竞争，并劝他只要肯退出来，就会得到一大笔补偿金。

郑周永暗吃一惊，不动声色地问："有这样的好事?"

赵重勋以为他动了心，便干脆把话挑明，说自己是法国斯比塔诺尔公司委托他来劝他的。只要郑周永宣布退出，法方立刻付给他 1000 万美金。

郑周永沉吟了一阵，想出了一条妙计。

"赵兄的好意，小弟心领了。但这桩工程我是争定了。"

然后郑周永举杯一饮而尽，抱歉地说："失陪了。我还有件紧急的事要办。"

赵重勋急忙问："什么紧急的事？我能帮你吗？"

"还是不为那 1000 万保证金……"郑周永故意话没说完就匆匆与对方握手告辞。

法方得知这一"情报"后，便开始推测郑周永的投标报价，他们判定郑周永的投标报价最少也在 16 亿美元以上。

然而，这正是郑周永的良苦用心。

随后，郑周永频频利用"假情报"向其他竞争者施放烟幕弹，以虚假的投标情报扰乱对手的阵脚。其实，他仗着自己旗下的现代重工业及造船厂等大企业能够提供大量廉价的装备和建材，决心使出杀手锏——"倾销价格"，以更低的标价击败所有的对手。

最后，他率领的现代建设集团以 9.3114 亿美元的最低报价获得了胜利。

将计就计，是为了后发制人，着重在于"后发制人"。将计就计而不后发制人，只是不中计，却不能获得成功。郑周永在无计可施的情况下，巧借敌方的计谋，将计就计，并且后发制人，一举击败所有竞争对手，获得了令人意想不到的成功。

做人秘语

"不可智谋则借敌之谋。翻彼招为我招，因彼计成吾计，则为借敌之智谋。"

要解决一个难题，首先应该抓住线索，从最关键的方面寻找突破，这才是有的放矢。

攻心为上，不战而胜

先顺其意，后劝其变

绝不正面反对别人的意见。

谨慎地与别人发生直接的争论。

要改变别人的原意，最大的障碍就是对方的"心理防线"。因此，设法动摇对方的心理防线，是劝其变的关键所在。那么，如何动摇对方的心理防线呢？除了要晓之以理、具有充实的内容外，更要动之以情，掌握一定的方法和技巧。

如果开场说："好，我证明给你看。"这句话就大错特错了，这等于是说："我比你更聪明。我要告诉你一些事，使你改变看法。"

那是一种挑战，那样会揭起战端，在你尚未开始之前，对方已经准备迎战了。

两千年以前，耶稣说过："尽快同意反对你的人。"

在耶稣出生的两千年前，埃及阿克图国王给他儿子一些忠告："圆滑一些，它可使你予求予取。"如要使别人同意你，请尊重别人的意见，切勿指出对方错了。

即使在最温和的情况下，要改变别人的主意都不容易。为什么要使你自己的困难增加更多呢？如果你要证明什么，不要让任何人看出来。这就需要运用一些做人的手段，使对方察觉不出来。

法拉里是一家木材公司的推销员，他承认，多年来，他总是明白地指出那些脾气大的木材检验人员的错误。他虽然赢得了辩论，可是一点好处也没有。"因为那些检验员，"法拉里说，"和棒球裁判一样，一旦判决下去，绝不肯更改。"

法拉里看出，他虽口舌获胜，却使公司损失了成千上万的金钱。因此，他决定改变手段，不再与人争辩了。

有一天早上，法拉里办公室的电话响了。一位焦躁愤怒的主顾，在电话那头抱怨他们运去的一车木材完全不合乎规格，并已经下令车子停止卸货，请他们立刻安排把木材搬回去。

法拉里立刻动身到对方的工厂去。途中，法拉里一直在寻找一个解决问题的最佳办法。通常，在那种情形下，法拉里会以他的工作经验和知识，引用木材等级规则，来说服对方的检验员——那批木材超出了水准。然而，法拉里又想，还是把学到的做人手段运用一番看看。

法拉里到了工厂，发现购料主任和检验员闷闷不乐，一副等着抬杠吵架的姿态。法拉里走到卸货的卡车前，要求他们继续卸货，看看情形如何。法拉里请检验员继续把不合规格的木料挑出来，把合格的放到另一堆。

事情进行了一会儿，法拉里知道，原来对方的检查太严格，而且也把检验规则弄错了。那批木料是白松，虽然法拉里知道那位检验员对硬木的知识很丰富，但检验白松却不够格，经验也不多。白松碰巧是法拉里最内行的，但法拉里对检验员评定白松等级的方式提出反对意见吗？绝对没有。法拉里继续观看，慢慢地开始问对方某些木料不合标准的理由何在，法拉里一点也没有暗示他检查错了。法拉里强调是向他请教，只是希望以后送货时，能确实满足他们公司的要求。双方之间的剑拔弩张情绪开始松弛消散了。偶尔法拉里小心地提问几句，让对方觉得有些不能接受的木料可能是合乎规格的，也使对方觉得他们的价格只能要求这种货色。

渐渐地，对方的整个态度改观了。最后对方坦白承认，他对白松木的经验不多，并且问法拉里从车上搬下来的白松板的问题。

法拉里就对他解释为什么那些松板都合乎检验规格，而且仍然坚持，如果他还认为不合用，就不要他收下。对方终于到了每挑出一块不合用的木材，就有罪恶感的地步。最后对方看出，错误是在他们自己没有指明他们所需要的是多好的等级。

最后的结果是，对方重新把卸下的木料检验一遍，全部接受了，于是法拉里收到了一张全额支票。

单以这件事来说，运用一点小方法，以及尽量克制自己想要指出别人错误的冲动，就可以使法拉里的公司在实质上减少一大笔现金的损失，而法拉里所获得的良好关系，则非金钱所能衡量。

由此可见，真正赢得胜利的方法不是争论。争论要不得，甚至连最不露痕迹的争论也要不得。如果你老是抬杠、反驳，即使偶尔获得胜利，却永远得不到对方的好感。因此，你要衡量一下，你是要口头上的、表面的胜利，还是要别人对你的好感。

有许多人在真诚的赞美之后，喜欢拐弯抹角地加上"但是"两个字，然后开始一连串的批评。举例来说，有人想改变孩子漫不经心的学习态度，很可能会这样说："杰克，你这次成绩进步了，我们很高兴。但是，你如果能多加强一下代数，那就更好了。"在这个例子里，原本受到鼓舞的杰克，在听到"但是"两个字之后，很可能会怀疑到原来的赞美之辞。对他来说，赞美通常是引向批评的前奏。如此不但赞美的真实性大打折扣，对杰克的学习态度也不会有什么助益。

如果我们改变一个两个字，情形将会大为改观。我们可以这么说："杰克，你这次成绩进步了，我们很高兴。如果你在数学方面继续努力下去的话，下次一定会跟其他科目一样好。"

这样，杰克一定会接受这番赞美了，因为后面没有附加转折。由于我们也间接提醒了应该改进的注意事项，他便懂得该如何改进以达到我们的期望。

间接提出别人的错失，要比直接说出口来得温和，且不会引起别人的强烈反感。

张东是一家钢铁厂的厂长，一天中午，他偶然走进钢铁厂，看到几个工人在吸烟，而在那些工人头顶墙处，正悬着一面"禁止吸烟"的牌子。张东不是指着那面牌子就向那些工人说："你们是不是不识字？"不，没有，张东绝不会这样做。

他走到那些工人面前，拿出烟盒，给他们每人一支烟，并且说道："嗨，弟兄们，别谢我给你们烟，如果你们能到外面吸烟，我就更高兴了。"

那些工人们，已知道自己犯了错误，可是他们钦佩张东，他不但丝毫没有责备他们，而且还给他们每人一只烟当礼物，使他们觉得有尊严。像这样的人，你能不喜欢他吗？

即便是手下人犯了错误，你不得不批评他（她），在批评的时候也要言之有理。切不可口出恶语，挖苦讽刺，侮辱人格。同时要做到情理结合，情真理切，要注意亲近他们，满腔热情地帮助他们进步，才能收到好的效果。

我们要劝阻一件事，一定要躲开正面的批评。对人正面的批评，会毁损了他的自尊。如果你旁敲侧击，对方知道你用心良苦，他不但接受，而且还会感激你。

所以要改变人们的意愿，一定要先顺其意。

做人秘语

从争论中获胜的唯一秘诀是避免争论。

一滴蜜比一加仑胆汁能捕到更多的苍蝇。

仁厚、友善及称赞比任何暴力更易改变别人的心意。

称赞并欣赏他人

多一些赞美，以赢得别人的好感。

赞美有利于事情的解决。

长期以来，我们有一个偏见，那就是将那些善于说赞美话的人一律称之为"马屁精",好像这些人人格多么低下似的。其实,这是对人际关系的一种误解。

伟大的心理学家席莱说:"我们极希望获得别人的赞扬,同样的,我们也极为害怕别人的指责。"仔细观察你就会发现,周围的人或多或少都在说着赞美别人的话,只不过方式各异而已。就人际关系日益复杂的今天来说,多说赞美话不仅不是坏事,而且是好事。

在现代交际中,几句适度的赞美对成功做人来说必不可少。一个人总想客观地了解自己,又想得到他人的认同,如果为他人所赞美,他往往会有种成就感,也往往对赞美他的人产生好感。

伊斯曼是美国著名的柯达公司的创始人,他捐赠巨款在罗切斯特建造一座音乐堂、一座纪念馆和一座戏院。为了承接这批建筑物内的座椅,许多制造商展开了激烈的竞争。但是,找伊斯曼谈的商人们无不乘兴而来败兴而去,一无所获。

正是在这样的情况下,"优美座位公司"的经理亚当森前来会见伊斯曼,希望能够得到这笔价值 9 万美元的生意。

亚当森被引进伊斯曼的办公室后,看见伊斯曼正埋头于桌子上的一堆文件中,于是静静地站在那里仔细地打量起这间办公室来了。

过了一会儿,伊斯曼抬起头来,发现了亚当森,便问道:"先生有何见教?"

这时,亚当森没有谈生意,而是说:"伊斯曼先生,在我等您的时候,我仔细地观察了您的这间办公室。我本人长期从事室内的木工装修,但从来没见过装修得这么精致的办公室。"

伊斯曼回答说:"哎呀!您提醒了我。这间办公室是我亲自设计的,当初刚建好的时候,我喜欢极了。但是后来一忙,一连几个星期都没有机会仔细欣赏一下这个房间。"

亚当森走到墙边,用手在木板上一擦,说:"我想这是英国橡木,是不是?意大利橡木的质地不是这样的。"

"是的。"伊斯曼高兴地站起身来回答,"那是从英国进口的橡木，是我的一位专门研究室内装饰的朋友专程去英国为我订的货。"

伊斯曼心绪极好，便带着亚当森仔细地参观办公室，把办公室的所有的装饰一件一件地向亚当森做介绍，从木质谈到比例，又从比例谈到颜色，从手艺谈到价格，然后又详细介绍了他的设计经过。这个时候，亚当森微笑着聆听，饶有兴趣。

直到亚当森告别的时候，俩人都未谈及生意。最后，亚当森不但得到了大批的定单，而且和伊斯曼结下了终生的友谊。为什么伊斯曼把这笔大生意给了亚当森？这与亚当森的处理方式十分有关。如果他一进办公室就谈生意，十有八九会被赶出来的。

亚当森成功的诀窍是什么？说来很简单，就是他了解谈话的对象。他从伊斯曼的经历入手，赞扬他取得的成就，使伊斯曼的自尊心得到极大的满足，把他视为知己，这笔生意当然非亚当森莫属了。

在这个社会上，说赞美话是与人交际所必备的技巧，赞美话说得得体，会使你更迷人！

当然，赞美别人也要有技巧，因为千人千面，没有谁会喜欢千篇一律的赞扬话。赞美别人首要的条件，是要有一份诚挚的心意及认真的态度。言词会反映一个人的心理，因而有口无心或是轻率的说话态度，很容易为对方识破并产生不快的感觉。再者，赞美别人时，不可讲出与事实相差十万八千里的话。例如，你看到一位流着鼻涕而表情呆滞的小孩时，你对他的母亲说："你的小孩看起来好像很聪明！"对方的感受会如何呢！本来是赞美的话，却变成很大的讽刺，得到了相反的效果。若你说："哦！你的小孩好像很健康。"是不是好多了！

所以，赞美别人时要坦诚，这样，你所说的赞美话，会超过一般赞美话的效果，成为真正夸赞别人的话，对方听在耳中，感受自然和一般赞美话不同。

无论如何，在人的心中，总是喜欢听别人的赞美。当一个人听到别人的赞美话时，心中总是非常高兴，脸上堆满笑容，口里连说"哪里，我没那么好"、"你真是很会讲话"。即使事后冷静回想，明知对方所讲的是赞美话，心中还是免不了会沾沾自喜，这是人性的弱点。换句话说，一个人受到别人的夸赞，绝不会觉得厌恶，除非对方说得太离谱了。

某校有一位学生，在一次命题作文中，抄袭了一期杂志上的一篇散文。极为巧合的是，语文老师恰恰手里有这一期杂志。多年的从教生涯，使他深深地懂得，保护学生的自尊要鼓励和赞扬，这比用挖苦和指责所收到的效果要好得多，因为它给学生的是正面的引导和促进。所以，他没有批评学生，而是把这位学生私下叫到房间里，称赞这篇散文写得很好，并帮助他分析了文章结构和起承转合，嘱咐他向更高的写作目标奋斗。结果，这一次保护面子的赞许行动，在这位学生心中留下了极为深刻的印象。他真的爱上了写作，靠着自己的执著和勤奋，终于成为了知名的业余作家。

赞赏的力量有时的确是十分惊人的，它简直到了点石成金的程度。

美国马斯洛层次理论认为：自尊和自我实现是一个人较高层次的需求，它一般表现为荣誉感和成就感。而荣誉和成就的取得，还需得到社会的认可。赞扬的作用，就是把他人需要的荣誉感和成就感，拱手相送到对方手里。当对方的行为得到你真心实意的赞许时，他看到的是别人对自己努力的认同和肯定，从而使自己渴望别人赞许的愿望在荣誉感和成就感接踵而来时得到满足，并在心理上得到强化和鼓舞。他能养精蓄锐，更有力地发挥自身的主观能动性，向着自己的目标冲击。

在我们的生活中，一个善于发现别人长处、善于赞扬别人优点的人，绝不是单方面的给予和付出，同时他也会得到很大的收获。不知你是否也有这方面的体验，赞扬别人，往往也会激励自己。别人的精神会感染我们，别人的榜样会带动我们，人家可以，而我们又为什么不可以呢？

做人秘语

赞扬和欣赏，能满足人的荣誉感，能使人终身难忘。

让他人感到自己重要

每个人都希望自己是重要人物。

做人的一个重要原则就是让他人感到自己重要。

每个人都希望自己是重要人物。事实上，大家愿意做所有事情，无论是好事还是坏事，只要能得到自己很重要这种感觉。

纽约电话公司曾针对电话对话做过一项调查，看在现实生活中哪个字使用率最高，在 500 个电话对话中，"我"这个字使用了大约 3950 次。这说明，不管你是什么人，不管你实际状况如何，在内心中都是非常重视自己的。

美国学识渊博的哲学家刘易斯·杜威说："人类本质里最深远的驱策力就是希望具有重要性。"每一个人来到世界上都有被重视、被关怀、被肯定的渴望，当你满足了他的要求后，他就会对你重视的那个方面焕发出巨大的热情，并成为你的好朋友。

在罗斯福做纽约州长的时候，他完成了一项特殊的功绩……他和政党重要人物相处得很好，使他们同意原来他们所反对的提案。我们且看他是怎么做到的……

当有重要职位需要补缺时，他就请那些政党要人推荐。罗斯福说："起初他们推荐的，是党内并不受欢迎的人。我就跟他们说，如果要使政治有满意的表现，你们推荐的这个人并不适合，同时也会受到民众反对。

"后来他们又推选了一个出来，那人看来虽然并没有可批评的地方，可是也没有令人赞佩的优点。我就告诉他们，任用这样的人，会有负公众的期望，所以请他们再推选出一个更适合这职位的人。

"他们第三次推荐的人，看来是差不多了，可是还不十分理想。

"于是，我对他们表示了感谢之意，让他们再试一次。第四次他们所推荐的，正是我所需要的人，而对他们的协助，表示感激之后，我就任用了这个人。而且，我还使他们享有任命此人的名义。……趁此机会，我就对他们说，我已经做了使他们愉快的事，现在轮到他们顺从我的意见，做几件事了。

"我相信那些党政首要们，也乐意这样做，因为他们赞成了政府重大的改革，诸如选举权税法及市公务法案等。"

记住，罗斯福凡事都很费事地去征求别人的意见，且对他们的建议表示尊重……当罗斯福委派重要职司时，他使那些党政首要们真实地感觉到，这是他们所挑选的人，这是他们的意见。

现实生活中有些人之所以会出现交际的障碍，就是因为他们不懂得或者忘记了一个重要原则——让他人感到自己重要。他们喜欢自我表现，喜欢夸大吹嘘自己，一旦事情成功，他们首先表现出的就是自己有多大的功劳，做出了多大贡献。这样其实就是在向他人表明：你们确实不太重要。无形之中，他们伤害了别人，当然最终也不利于己。

在美国的历史上有一个非常伟大的总统，他就是一位鞋匠的儿子——林肯。在他当选总统的那一刻，整个参议院的议员都感到十分尴尬。因为美国的参议员大部分都出身于名门望族，自认为是上流、优越的人，他们从未料到要面对的总统是一个卑微的鞋匠的儿子。

但是，林肯却从强大的竞争势力中脱颖而出，赢得了广大人民的信赖，这除了他具有卓越的才能外，与他从平民中来，走平民路线，把自己融于广大百姓之中的平民意识是分不开的。

当林肯站在演讲台上时，有人问他有多少财产。人们期待的答案当然是多少万美元、多少亩田地，然而林肯却扳着手指这样回答：

"我有一位妻子和一个儿子，都是无价之宝。此外，租了三间办公室，室内有一张桌子、三把椅子，墙角还有一个大书架，架上的书值得每人一读。我本人又高又瘦，脸蛋很长，不会发福。我实在没有什么依靠的，唯一可依靠的财产就是你们！"

"唯一可依靠的财产就是你们"，这正是林肯取得民心的最有效的手段。

人类行为有个极为重要的法则，这一法则就是时时让别人感到重要。如果我们遵从这一法则，大概不会惹来什么麻烦，而且可以得到许多友谊和永恒的快乐。但是，如果我们破坏了这个法则，就难免招致麻烦。

有这样一个小笑话：

有一个人请了四位同事到他家里吃饭，他倒是非常真诚的，摆了一大桌酒菜。三位同事如约而至，只有一位仍不见踪影，主人在门口急得东张西望，搓手跺脚。一位同事从里头跑出来安慰他不要着急。谁知这位老兄随口甩出一句话："该来的不来。"旁边劝他的这位同事一听，心里想"这样说，我岂不是不该来的"。"咣当"一声摔门而去。里头另一位同事见状，急忙出来好言相劝。哪知这位老兄又从嘴里蹦出一句："唉！不该走的又走了。"来相劝的同事一听，立刻怒从心起，"不该走的走了，那意思不就是该走的不走。得，甭解释了，我走了。"最后在屋里等的那位同事急忙出来帮着主人挽留客人。可惜这位老兄口才实在不佳，竟然又冒出一句："我根本不是冲他们说的。"最后那位客人一听，"噢，你不是冲他们说的，那不就是冲我说的吗？算了，我也不留了，一起走吧！"

这虽是一则笑话，却深刻地反映了人们渴望被人尊重的心理。

那么，怎样才能使人们觉得他们重要呢？这里有一些手段：

（1）聆听他们。这听起来很简单，而它也确实很简单，如果你认真对待的话。如果你是假装的，它就是世界上最难的事情。抛开关于自我的想法，聆听他们对你说的话。

（2）尽可能多地使用他们的名字。有人说，人的耳朵最喜欢听的声音是他们自己名字的发音。这是属于他们自己的独一无二的声音。如果你经常使用它，那意味着你真的关心他们，那会使他们觉得自己是珍贵的。

（3）当有人问你问题的时候，停一会儿再回答。这使他们的问题看起来很重要，因为它意味着你花时间思考他们提出的问题。

（4）如果有人等着与你见面，一定要向他们打招呼。千万不要忽视等着与你见面的人，要会意地看他们一眼，并让他们知道你很快就会到他们那里去。这将使他们觉得你很在意他们。

（5）称赞并认可他们的成就。不必是什么重大的成就，小成就也可以。你可以说："有一天我路过你们家花园，你种的花草长得多好啊。"这句话也很有效。或者说："你的领带很好看，与这套西装搭配得很好！"注意到并说出他人的独特之处能够使他人觉得与众不同。

（6）关心团队里的每一个人。要记住，任何团队实际上都是由单个的、需要被认可和被欣赏的人组成的。当你向一个团队讲话的时候，你要看着每一个人，向他们说话，让他们知道你觉得他们是重要的。

做人秘语

你要别人怎么待你，就得先怎样待别人。

你越使人们觉得自己重要和特殊，他们就越会支持你。

运用道歉化解矛盾

道歉的话是消除后遗症的"定心丸"。

道歉是尊重别人，也是尊重自己的一种做人手段。

人孰能无过。在人际交往中，与各种各样的人接触，难免会出现得罪人的时候，因此，人人都需要学会道歉。诚挚的道歉不但可以弥补破裂了的关系，而且还可以促进彼此心理上的沟通，增进感情，使这种关系变得更为牢固。

在日常生活和工作中，因自己的言行失误而打扰、影响别人，或者给别人造成精神上的伤害或物质上的损失时，都要主动向对方道歉，挽回影响，以便维持你们相互间的友好关系。

小吴在海南的一家公司工作。一天，老总要他将一个开发项目的可行性研究报告给南京的同事陈成。小吴并不认识陈成，报告发过去后，陈成向小吴问了很多业内人士觉得很可笑的初级问题。当时小吴就不耐烦地说道："你还没有入门吧？"结果引发两人之间的言语纷争。小吴见陈成不懂装懂还极力狡辩，便毫不示弱、极尽挖苦，陈成气得用英语唾骂小吴，结果自然是不欢而止。几天后老总提起此事，说陈成投诉到南京集团公司执行总裁那里，总裁当着他的面对小吴表示不满。于是老总吩咐小吴在抓好业务的同时，要及时向陈成道歉。老总言辞缓和，显露爱才之心，说陈成是南京集团公司的一名经理，刚留学归来，被小吴这样的小字辈耻笑肯定心中难以平衡，希望小吴能予以理解。小吴为有辱老总脸面备感歉意，虽然觉得自己吃亏，还是主动发了一封道歉信给陈成。

消除恶感，避免伤害别人的感情，最聪明的办法就是谦逊一点。自己有过失的时候立刻道歉，别人就会给你同情，这就是道歉的神效。倘若我们大家能运用道歉的神效，我们的生活将会减少很多不愉快。

人孰无过，我们都需要学会道歉的艺术，扪心自问，看看你是否常常毫不留情地妄下断言，说出伤人的话？再想想看，有哪几次你诚心地坦然表示过歉意？有点惶恐是不是？惶恐的原因在于我们良心不昧，除非道歉，否则总是内疚于心。

有些人认为道歉是向别人低头，失去了个人尊严。一味坚持自己的错误，不肯道歉，又何谈尊严呢？

不负责任的人不会赢得他人的信赖，不敢道歉意味着不敢对自己的行为负责。

一次语文单元测验，老师误将一位学生答对的题扣了分。卷子发下来，这位学生举起手："老师，您错了，应该向我道歉。品德课上老师就是这么说的。"顿时，教室里一片寂静，老师也愣住了。片刻，这位老师笑着说："是我疏忽了，对不起！"

事后有人问这位老师："你当时不觉得窘迫吗？"他却说："像这样有道德勇气的学生，很少见，我喜欢。"

尽管道歉是生活中一个再平常不过的细节，但在我们所见所闻中，作为老师，在学生面前承认自己的错误并诚恳道歉的并不多。因为，道歉对于老师来说，同样承担着"诚信"一落千丈、学生效仿"找茬儿"等风险。但是，那位老师做了，他用勇气呵护了幼小学生心田里刚刚萌芽的道德的光芒。

有时我们迟迟不道歉是因为怕碰钉子，这种令人难堪的可能性确是有的，但是不大。原谅别人可以祛除心里的怨恨，而怨恨是戕伤心灵的。有谁愿意反复蒙受痛苦和忿怨的折磨？

那么应该怎样进行道歉呢？一般来说有下列几点：

（1）假如你想向某人道歉，而且你有对不起他的地方，就应立刻想办法。你该写封信，打个电话，有所表示。一本书、一盆花草、一盒糖果，或者用其他任何足以表达心意的东西代你作这样的表示："我对彼此的隔阂深感难过，亟望冰释前嫌，甘愿承担部分或全部咎责，并盼你能接纳这点微意以及人间最能化戾气为祥和的三个字：'对不起'。"

（2）如果你觉得道歉的话说不出口，可以用别的方式代替。吵架后，一束鲜花能令前嫌冰释；把一件小礼物放在餐碟旁或枕头底，可以表明悔意，以示爱念不渝；大家不交谈，触摸也可传情达意，千万不要低估"尽在不言中"之妙。

（3）除非道歉时真有悔意，否则不会释然于怀，道歉一定要出于至诚。

（4）假如你认为有人得罪了你，而对方没有致歉，你就该冷静应付，不要闷闷不乐，更不要生气。写一封短信，或由一位友人传话，向对方解释你心里不痛快的原因，并向他说明你很想排除这烦恼。你若能减低对方道歉时的难堪，他往往就会表示歉意——说不定他心里也不好过的。

（5）应该道歉的时候，就马上道歉，越耽搁就越难启齿，有时甚至追悔莫及。

（6）道歉要堂堂正正，不必奴颜婢膝。你想把错误纠正，这是值得尊敬的事。

（7）你如果没有错，就不要为了息事宁人而认错。这种没有骨气的做法，对任何人都无好处。同时要分辨清楚深感遗憾和必须道歉两者的区别。譬如你是主管，某一部属不称职，必须予以革职。你会觉得遗憾，但是不用道歉。

（8）切记道歉并非耻辱，而是真挚和诚恳的表现。伟人也会道歉。邱吉尔起初对杜鲁门的印象很坏，但后来他告诉杜鲁门说以前低估了他——这句话是以赞誉方式作出的道歉。

做人秘语

"对不起"这三个字的效用是别的字眼所不能比拟的。

"对不起"能使强者低头，能使怒者消气，能让你更加成熟。

寓理于情使人心服

通情才能达理。

晓之以理，动之以情。

有一位社交专家说：应酬的最高效果，是你绝不使用任何强制手段而使对方照着你的意思去做。很多人嘴上虽然假装同意你的意见，心里却依然存在抵触。

人只要活着，说话、办事就难免会犯下这样或那样的错误。

但人的心理本能是不愿意承认错误的，因为这毕竟是件不愉快的事情，会伤面子，脸上挂不住，况且还有可能要去承担某种因此而带来的责任。所以想让一个人很情愿地承认自己错了，还真不是一件简单的事情。但任何事情归根到底无非就是"情"和"理"两个字，怎样不使用强制手段而使对方愿意接受他一开始并不承认的东西？也要在"情"和"理"这两个字上做文章。这里的"情"不仅仅指狭义上的感情，还可以解释为利用不同情绪的方法。

一家外资大酒店刚开始创业的时候，发生了一件体现中方和外方管理文化上的差异的小事，但小事中却包藏着一个关于情和理的问题。

一位外方部门经理检查客房，发现一切都打扫得干干净净，没有任何灰尘，床也铺得很整齐。正当他满意点头之际，却发现了一个严重的问题：茶几上的茶杯朝向错了，茶杯上 5 个事关酒店品牌的字不见了，这 5 个字就是"××大酒店"。按规定，杯子上"××大酒店" 5 个字应向着门口，让客人一进门就看得见，以便传达酒店的品牌形象。外方经理大为恼火，当众斥责服务员，说她不负责任，不懂规矩。

服务员是一位 18 岁的女孩，刚上班不久，受不了被人当众斥责，便与经理顶撞起来……

受了顶撞的外方经理也很难过，他找到中方经理交换看法，中方经理诚恳地说，在中国的社会制度里，上下级的关系是平等的，唯有对员工满怀爱心，循循善诱，员工才能接受你的批评教育。

外方经理恍然大悟：原来在管理方法和思想观念上，中西方存在着差异。因为不了解国情，只是就事论事，情急之下没有注意工作的方式和方法。第二天，外方经理向这名服务员道歉，他说："我昨天当众大声斥责你，挫伤了你的自尊心，这是我的不对。但是，杯子的摆法是不对的，这点我要坚持。"这名服务员有点愕然，他们相视而笑，昨天的"恩怨"一笔勾销。

有句话说得好：你可以批评，但不要轻蔑。酒店的管理制度必须遵守，但在严格管理的同时，关心人、理解人、尊重人也是必不可少。既要加强思想教育，又要耐心说服，讲清道理，这样才能调动职工的积极性。外方经理后来的态度令这名服务员感动，在短短的几分钟里，他又赢得了下属的尊敬。从此，这名服务员格外注意这样的细节，在认真里面又多了一种自觉。

在管理上或是生活中，都是一样的道理：只有办事寓理于情，才能使人心服口服。

在企业管理里，领导和下属的关系的处理是很重要的。有几类人是不容易说理的，应该怎样应付呢？

有些人在某些方面有一定的才能，便恃才傲物、目空一切、玩世不恭，对他人不太在乎。他们往往都很自以为是，听不进别人的话。但高傲者并非样样能干，万事皆通，最好是在单独场合，安排一两件比较吃力而且比较陌生的工作让他去做，并且要求限时完成任务。要完成这些任务就必须付出很多的努力，即使能勉强完成任务，他们也会深感做好一件自己不熟悉的工作是相当艰难的，从而认识到自己的不足，傲气顿消。而且高傲的人也往往会因为其疏忽大意而误事。这时，你要勇于站出来替他解危，他日后在你面前将不会再傲慢无礼，甚至对你的话能言听计从。

另外是一些喜欢抬杠和理论的人，他们多半并无真正的实力，却经常说一些似是而非的歪理。你切莫和他们多作理论，因为这样是毫无用处的，与其跟他们论理，倒不如把它当作耳边风，这样才更清楚省事些。对于喜欢抬杠的人，你不能光与他理论来压制他的想法，而是要把他推上前线，使他亲身去体验现实的残酷性。必要时还可以委派一名埋头苦干型的同事对他加以盯梢、追踪和产生模范作用。

而那些斤斤计较的人，他们往往在分工作时嫌量大，分福利时又嫌少。对于这样的人，要避免让他们有空间去发挥。工作和利益分配都按章进行，充分监督，实施过程公布于众，就是最好的方法。领导要满足他们的正当要求，并要拒绝他们不合理的要求。满足他们的合理要求，使他认识到你绝不是为难他，应该办的事情都会给他办。拒绝他们不合理的要求，是在对他讲明原因之后，劝阻他不要得寸进尺。

……

做人之所以被称为艺术，就因为这是一项极其复杂而又极其费心劳神，但又不可能不去做的工作。正如一个木匠不能简单地用锤子解决所有问题一样，让一个人接受你的意见和想法也不能一根筋。

当然，要他人接受你的意见和想法，首先是你的这些东西是有理的。可为什么有时候人会有理说不清？就是因为在表达这个"理"的时候，缺少了一点小情趣或是不了解沟通对方的思维特点，这就无法和对方产生情感上的共鸣。对于不同性格、情绪的人采取不同的寓"情"于"理"，才能真正实现——有理走遍天下。

做人秘语

先处理心情，再处理事情。

"口服"或许可以得到助手，"心服"才能真正得到朋友。

使对方不断称"是"

让对方说"是"，其实是一种很简单的做人手段。

如果你想使人信服，就应该记住让对方不断回答"是"。

当你与别人交谈的时候，不要先讨论你不同意的事，要先强调而且不停地强调你所同意的事。因为你们都在为同一结论而努力，所以你们的相异之处只在方法，而不是目的。

让对方在一开始就说"是，是的"。假如可能的话，最好让对方没有机会说"不"。

"懂得说话的人都在一开始就得到许多"是"的答复，接着就把听众心理导入肯定方向。就好像打撞球的运动，原先你打的是一个方向，只要稍有偏差，等球碰回来的时候，就完全与你期待的方向相反了。

当一个人说"不"，而本意也确实否定的话，他所表现的绝不是简单的一个字。他身体的整个组织——内分泌、神经、肌肉——全部凝聚成一种抗拒的状态，通常可以看出身体产生一种收缩或准备收缩的状态。总之，整个神经和肌肉系统形成了一种抗拒接受的状态。反过来说，当一个人说"是"时，就没有这种收缩现象产生，身体组织就呈前进、接受和开放的态度。因此开始时我们愈能造成"是，是"的情况，就愈容易使对方注意到我们的终极目标。

这种"是"的反应是一种非常简单的做人手段，但是却被人们忽略了！一般看来，"不"的反应是最难克服的障碍。当对方说了一个"不"字之后，他那本性的自尊就会迫使他继续坚持下去。虽然以后，他也许发现这样的回答有待考虑。但是，他的自尊往哪里摆呀？一旦说了"不"，他就发觉自己很难再摆脱。所以，如何让对方一开始就朝着肯定的方向做出反应，这对结果是很重要的。

艾利森是西屋电气公司的一位业务代表，在他的辖区内有个人，公司一直很想和他做生意。艾利森接管以后，与对方多次商谈、打电话，终于卖了些发动机给他。既然有了开始，以后就不难再继续下去。之后，艾利森情绪高昂地再度拜访对方。

接待艾利森的是对方的总工程师，这位总工程师向艾利森公布了一个惊人的消息："艾利森，我不能再买你们的马达了。"

"为什么？"艾利森惊讶地问道。

"因为你们的发动机太热了，我不能把手放在上面。"

艾利森知道争论是没有用的，这时他想起了"是"反应的原则。

"啊，史密斯先生，"艾利森说道，"我百分之百同意，假如那些发动机真的大热，就不要再多买了。您这里一定有符合电气制品公司标准的发动机吧?"

总工程师表示同意,艾利森得到了第一个"是"反应。

"电制品公司一般规定发动机的设计,其温度可高出室温华氏72 度,是吗?"

"是的。"总工程师又表示同意,"但是你们的产品还是太热了。"

"工厂里的温度是多少?"艾利森问道。

"啊,大概是华氏 75 度左右。"总工程师回答。

"很难。"艾利森说道,"假如工厂内的温度是 75 度,则发动机的温度是 75 加上 72 度,也就是华氏 147 度。假如您把手放在147 度的水龙头下,是不是会烫伤呢?"

"是的。"总工程师不得不承认。

"很好。"艾利森建议道:"那么,是不是最好不要把您的手放在发动机上呢?"

"我想你说得一点儿不错。"总工程师承认。在往后数个月里,他们又成交了将近 35000 多美元的生意。

也许还会有人以为,在一开始便提出相反的意见,不正好可以显示出自己的重要与有主见吗?但事实并非如此,在现实生活中,这种"是"反应的技术很有用处。

尼克要开一个户头,布拉尔先生就给他一些平常表格让他填。有些问题他心甘情愿地回答了,但有些他则拒绝回答。

在研究做人的手段之前,布拉尔一定会对尼克说:"如果您拒绝对银行透露那些资料的话,我们就无法让您开户头。"当然,像那种断然的方法,会使自己觉得痛快,因为表现出了谁是老板,也表现出了银行的规矩不容破坏。但那种态度,当然不能让一个进来开户头的人有一种受欢迎和受重视的感觉。

那天早上,布拉尔决定采取一点实用的普通常识。他决定不谈论银行所要的,而谈论对方所要的。最重要的,他决定在一开始就使客户说"是,是"。因此,他不反对尼克先生,而是说:"您拒绝透露的那些资料,也许并不是绝对必要的。"

"是的，当然。"尼克回答。

"你难道不认为，把你最亲近的亲属名字告诉我们，是一种很好的方法，万一你去世了，我们就能正确并不耽搁地实现你的愿望吗?"布拉尔又问。

尼克又说："是的。"

接着，他的态度软化下来，当他发现银行需要那些资料不是为了自己，而是为了客户的时候，他改变了态度。在离开银行之前，尼克先生不只告诉布拉尔所有关于他自己的资料，还在布拉尔的建议下开了一个信托户头，指定他母亲为受益人，而且很乐意地回答所有关于他母亲的资料。

记住：若一开始你就让对方说"是"，他就会忘掉你们争执的事情，而乐意去做你所建议的事。

苏格拉底是人类历史上最伟大的哲学家之一，他改变了人类的思考方式。在几千年后的今天，大家仍尊他为最具智慧的说服者，因为他对这个纷争的世界影响很大。

他的秘诀是什么？他指出别人的错处吗？当然不是。他的方法现在被称为"苏格拉底法则"，也就是我们提到的"是"反应技巧。他问些对方同意的问题，然后渐渐引导对方进入设定的方向。对方只好继续不断地回答"是"。等到他们觉察时，他们已得到设定的结论了。

所以，下次你告诉别人犯错的时候，请记住苏格拉底的这一有效的法则，问些温和的问题——一些能引发别人作出"是"反应的问题。

做人秘语

无论是谁，只要一开口就是个"不"字，那么你就很难改变他的意志。

开始的时候就让对方说"是"，唯有如此，才能将对方导向正面方向。

因势利导顺着来

顺水行舟永远比逆水行舟速度快。

专心倾听对你讲话的人极为重要，没有别的东西会如此使人开心。

不知你是否养过猫狗之类的宠物，如果没有，应该也看过宠物的主人是如何爱抚它们的。爱抚宠物最基本的方法就是顺毛轻轻地抚摸它们，每当主人有这个动作时，猫就会眯起眼睛，并发出满足的叫声；狗就快乐地摇起尾巴，甚至回过身来舔主人的手、脸，作为回应。如果逆着毛摸，猫狗会感觉不舒服，就算不咬、抓，也会不高兴地跑开。

人其实也是如此，喜欢别人"顺着毛摸"。人的"毛"就是人的性情、脾气、观念，也就是每个人心中的"自我"。你如果能顺着对方的脾气和他交往，不去违抗他，他当然会和你成为好朋友！

不过，这里并不是要你凡事都顺着别人，做一个没有"自我"的人，如果你真的如此，那你就成为别人的影子了。"顺着毛摸"只是方法，而不是目的。你如果能成功地运用这个方法，别人就会在不知不觉之中受到你的影响，甚至接受你的意志。

"顺着来"是大多数人都明白的道理，可每个人的性情、脾气和观念是有差别的，怎样能很好地做到因势利导？其实最难的就是知道"势"和如何"导"。这就不得不说一个很厉害的招术——倾听，它可以说是做到了两全其美。

刘东在一家百货商店买了一套衣服。这套衣服令人失望：上衣褪色，把他的衬衫领子都弄黑了。

后来，他将这套衣服带回该店，找到卖给他衣服的店员，告诉他事情的起因。他想诉说此事的经过，但被店员打断了。"我们已经卖出了数千套这种衣服，"这位售货员反驳说，"你还是第一个来挑剔的人。"正在激烈辩论的时候，另外一个售货员加入了。

"所有黑色衣服起初都要褪一点颜色，"她说，"那是没有办法的，这种价钱的衣服就是如此，那是颜料的关系。"

这时刘东气得冒火，第一个售货员怀疑他的诚实，第二个暗示他买了一件便宜货。刘东恼怒起来，正要与他们争吵，经理恰好走了过来。正是他的出现使这件事来了个大转折。经理的步骤如下：

第一，他静听刘东从头至尾讲经过，不说一个字。

第二，当刘东说完的时候，售货员们又开始要插话发表他们的意见，他站在刘东的观点上与他们辩论。他不仅指出刘东的领子是明显地为衣服所染污，并且坚持说，不能使人满意的东西，就不应由店里出售。

第三，他承认他不知道毛病的原因，并率直地对刘东说，如何处理这套衣服由刘东决定，经理一定照办。

就在几分钟以前，预备要告他们的刘东，现在却这样回答："我只要你的建议，我要知道这种情形是否是暂时的，是否有什么办法解决。"经理建议刘东这套衣服再试一个星期，如果到那时仍不满意，再拿来换一套满意的。并且很客气地对给刘东造成的不方便，诚恳地表达了歉意。

刘东满意地走出了这家商店，对于那商店的信任也恢复了。

始终挑剔的人，甚至最激烈的批评者，也会在一个有忍耐和同情心的静听者面前软化降服。一个冷静的倾听者，不但到处受人欢迎，而且会逐渐知道许多事情。而一个喋喋不休者，像一只漏水的船，每一个乘客都希望赶快逃离它。

其实大部分人都有发表欲，如果他在社会上已有一些成就，更有不可抑止的发表欲。当他滔滔不绝的时候，你就要做一个倾听者。一则你的倾听可让对方满足发表欲，从而对你有了好感；二则你可在倾听中了解他的个性和观念。然后，你要顺着他的谈话，发出"嗯，啊"的赞同声，还可以在恰当的时机提出一些问题让对方说明。这么做，对方一定过瘾极了，而你没说什么话，就了解了这个人，给你"顺着来"打下了良好基础。

如果你想成为一个善于处理人际关系的人，那就先做一个善于倾听之人。"暂停一分钟，"肯尼斯·古地在他的著作《如何使人们变黄金》中说："把你对自己的事情的深度兴趣，跟你对其他事情的漠不关心，互相作个比较，那么，你就会明白，其他人也正是抱着这种态度！"让对方表达自己，说对方感兴趣的话题，因为他注意他颈上的小疤比注意非洲的 40 次地震还要多。

另外，切记不要辩论。如果对方说的话你不能同意，你也不要提出辩驳，除非你们是很要好的朋友。但如果你知道他的交谈另有目的，则不宜和他辩论，因为有些事情并不能辩得明白，而且很可能越辩越气，最后不欢而散。如果你辩倒对方，那更有可能造成关系的中断！总之，要记住，辩论不是你的目的。

还有一招，男女通吃，老少皆宜。人人都喜欢被称赞，还没听说过听了好话还摆臭脸的人吧。"称赞"其实也是一种"顺毛摸"式的爱抚。称赞什么呢？你可称赞他的观念、见解、才能、家庭……反正对方有可能引以为荣的事情都可以称赞，但也别狠了心地夸，糖也有吃腻的时候，这种作法所费不多，效果却非常惊人，所以也有人把"称赞"称为"灌迷汤"。迷汤都喝了，离目标还会远吗？

最后的"导"可是关键，不然前面的活就白做了。上文百货商店经理的得意之处就在于引导成功。如果你一番"顺着毛摸"的功夫另有目的，尤其需要"导"。也就是说，你要在对方已经"满足"时，才把你的意思显现出来，但显现的方式还是要"顺着毛摸"，不要让对方感到不快，例如你应该这么说"我很同意你的观点，不过……"或"你的立场我能了解，可是……"，先站在对方的立场，再提出自己的立场，这样就可以像大禹治水一般，把对方的意志引到你希望的地方去！

"因势利导，顺着来"，可以用在平时与人相处，可以用在说服别人，也可用在带领下属，可说是事半功倍。招势要打得漂亮呢，就先倾听，别辩论，称赞是锦上添花，再别忘了引导一下就行了。脾气再大，城府再深，主观性再强的人也吃不消你这功力。

做人秘语

　　"称赞"其实也是一种"顺毛摸"式的爱抚。

　　让对方表达自己，说对方感兴趣的话题。

撩起对方的急切欲望

　　唯一能影响别人的方法，是谈论他所要的，教他怎样去得到。

　　要钓上鱼，饵必须适合鱼。

　　今天，买东西简单了，可卖东西的难度增加了。成千上万的推销人员徘徊在路上，疲惫，又消极，收入还少。为什么？因为他们所想的一直是他们所要的。他们没有发觉，你或我都不想买任何东西。如果我们要买的话，我们自己会去买。顾客喜欢感到是他自己要买——而不是被说服着去买。

　　其实我们每个人都是一名推销员，希望别人接受我们的想法，满足我们的需要，有时候甚至是认同我们自己。自我表现是人类天性中最主要的因素。所以，你永远对自己所要的感兴趣，但别人并不对你所要的感兴趣。其他的人，正跟你一样，只对他们所要的感兴趣。因此，唯一能影响别人的方法，是谈论他所要的，教他怎样去得到。

　　有很多的小朋友不愿意上幼儿园，每天幼儿园门前的哭声是此起彼伏。下面有个故事，就是这样……

　　史先生有天下班回家，看见小儿子躺在客厅地板上又哭又闹。原来儿子第二天就要上幼儿园，而他说什么也不愿意去。史先生本能的反应是把孩子赶到房里，警告他最好乖乖上学去，除此以外别无选择。

　　如果按照这样的办法来解决，孩子表面上只能服从，可内心却有了疙瘩。最后的结果只能发展成：本来挺好的幼儿园生活，就因为孩子一开始在心理上有抵触情绪，弄得大家每天都不开心，而且日子长了，孩子的叛逆心理还会越来越强烈。

　　当一个办法不能根本解决问题，有可能还会适得其反的时候，就应该想想其他的主意。史先生想到，强迫是不能叫儿子喜欢上学的。他想："假如我是孩子，什么东西会吸引我到学校去呢？"于是他列出许多儿子喜欢做的事，如画画、唱歌、结交新朋友等，然后付诸行动。史先生和太太到厨房的大桌子上画画，还邀来了些大点的孩子和他们一起，画得兴高采烈。

　　孩子都是充满好奇心的，果然没多久，儿子也来瞧热闹了，并且要求加入行列。"不可以，你得先到幼儿园去学怎么画才行啊！"为了激起儿子更大的兴趣，史先生把刚才列出的儿子喜欢做的事，逐一用他能够了解的话去打动他——当然最后告诉他，这些东西幼儿园里都有。

　　结果，第二天，史先生起了个大早，发现儿子坐在客厅椅子上。"你在这里做什么？"儿子回答："我等着上学去啊！我可不希望来不及。"

　　处世艺术就是这样，它不仅表现在对自我的了解上，而且还要求了解对方的欲望。因为，只有弄清楚对方所想，自己才能找到合适的应对措施。撩起对方的急切欲望，让对方主动想做你希望他做的事情，这是威胁和争论所不能达到的。

　　奥佛史屈教授在他那本启发性的《影响人类的行为》一书中说："行动出自我们基本上的渴望……而我所能给予那些想劝导他人的人（不论是在商业界、家庭中、学校里、政治上）最好的一个忠告是：首先，撩起对方的急切欲望。能够做到这点的人，就可掌握世界；不能的人，将孤独一生。"

　　钓鱼的时候，总想着自己要钓到鱼，而不去想鱼儿喜欢什么，是不可能得到太大的收获的。做人想要出人头地的话，也必须知道：要钓上鱼，饵必须适合鱼。

很多人都知道这个道理，可就像前面所说的许多推销员一样，在一些时候会忽略了这个道理。

一家大保险公司的地区分公司，按区域分配工作给他们的推销员，某公司正好在其中两名推销员小闻和小赵负责的工作区域以内。

一天早晨，小闻到某公司高级职员小高等人的办公室里，闲谈中提到他的公司刚刚设立了一个专门为高级职员保险的计划，认为过些时候小高这些人会感兴趣，并且说在他获得了更多的资料之后会再来。

可就在同一天，小高他们去喝咖啡回来的路上，小赵看到了小高他们，就大喊着说："等我一下，我有好消息告诉你们。"他赶了上来，很兴奋地告诉小高他们说他的公司就在那一天新设了一个专门为高级职员保险的计划（与小闻在办公室闲聊中提出来的计划一样），他要他们做第一批的保险者，并且还说："这种保险和过去的完全不同，我已经请总公司明天派一个人来做进一步的说明。现在我就请各位签下承保书，然后整理好，那就有更多的资料供他作说明了。"

虽然事情是一样的，但是很明显小赵的热忱已经使小高等人升起对这种保险的迫切需要。小闻本来抢占先机，可以得到这些保险的业绩，但是他没有努力说明这种保险能满足对方什么欲望，也就只能与机会擦肩而过了。

关于为人处世，如果成功有任何秘诀的话，就是了解对方的观点，并且具有从他的角度和你的角度来观察事情的那种才能。

当然，探查别人的观点，并且在他心里引起对某项事物迫切渴望的需要，并不是指要操纵这个人，使他做只对你有利而对他不利的某件事，而是两方面都应该在这种状况下有所收获。损人利己的事可能会得到一时的成功，却失去了永远的信任。

当我们有了一个巧妙的主意时，为何不让对方自己说出来，而不使对方认为是我们想到的？如此，他就会认为是他自己的主意，他会很喜欢，也就很愿意做你们都想让他做到的事情。

明天，也许你会劝说别人做些什么事情。在你开口之前，先停下来问问自己："我如何使他心甘情愿地做这件事呢？这个问题，可以使我们不至于冒失地、毫无结果地去跟别人谈论我们的愿望。

做人秘语

撩起对方的急切欲望，让对方主动想做你希望他做的事情，这是威胁和争论所不能达到的。

做人想要出人头地的话，也必须知道：要钓上鱼，饵必须适合鱼。

平衡关系，以谋立身

为自己打造威信的光环

威信远胜过权力。

你是否有过这样的困惑：为什么同样的一个建议，在你的口中说出与在他的口中说出所产生的是截然不同的两种效果？在某种情况下，为什么有着比他更出色才能的你，却无法像他那样得到团体的认可呢？你又是否意识到这种现象对你的职场进阶有着什么样的影响呢？

为什么总有一批人为你所设定的目标全力冲刺？为什么有许多人在没有加班费的情况下，仍然愿意辛勤加班？为什么总有一批人为你毫不保留地奉献他所有的才智？为什么所有的人都服从你的管理？答案只有一个：是威信在发挥神奇的作用。

具有这种威信的并不一定是高层的管理者，在任何一个团体中，小到几个人组成的办公室，大到一个集团，总会有一个人具有说服他人、引导他人的能力。在某种意义上，"威信"也可以被认为是人格魅力的一部分。一个人之所以为他的上司或组织卖力工作，绝大多数的原因，是上司拥有个人威信像磁铁般征服了大家的心，激励大家勇往直前。曾经听到一位下属推崇他的领导说："你和他在一起呆上一分钟，你就能感受到他浑身散发出来的光和热，我之所以卖命努力，乃是因为他强大的威信深深吸引我所使然。"

因此，领导者要想让下属服从管理并接受自己的管理措施，就必须为自己打造威信。领导者的威信来自于两方面，一是权力所赋予的；二是以自身能力、品质争取的。威信是一个合格领导者的基础。没有威信的领导者是无法行使权力的。

领导者在员工之间树立威信，其自身的魅力是格外重要的。试想，一个毫无魅力的领导又怎能博得下属的忠诚呢？领导者要想拥有魅力，就必须从自我修炼开始。让自己去做每一件事，在工作中不断提高自己的能力。做一些自己过去做不到的事、有困难的事，要不断地时刻要求自己、提高自己。

做一位成功的管理者，除非我们具备了相当程度的威信与影响力，否则，很难赢得下属的信赖和忠心。

可见，威信远胜过权力。与其做一位实权在手的领导，不如做一位浑身散发无比"威信"的管理者。

领导该如何树立自己的威信呢？以下是在工作中需要注意的几点：

（1）保持和悦的表情。

一位经常面带微笑的上司，谁都会想和他交谈。即使他并未要求什么，他的属下也会主动地提供情报。

要知道，你的肢体语言，如姿势、态度所带来的影响亦不容忽视。若你经常面带笑容，自然而然地，你本身也会感到非常愉悦，身心舒畅。

正确的举止在无形中已引领你步向成功的大道了。有许多的运动选手，都表示类似的看法："我会在重要的比赛之前，想像自己得到冠军时的情景。如此，力量立刻泉涌而来。"

一个永葆愉悦的神情与适当姿态的人，较容易受到众人的尊重与信赖。

（2）做员工的榜样。

领导者如果能够给员工起到表率作用，用实际行动感召员工，就可以在企业里形成非常好的工作氛围。领导者的魅力形象能产生一种形象效应，给员工以信心、勇气和力量，吸引他们勇往直前。领导者具有的顽强意志等人格魅力影响着员工的工作方向，每一个领导者都希望自己使员工受到感染，达到好好工作的目的。

对领导者而言，能够成为员工的榜样，自然魅力大增。但是要做到这一点，并非易事，要得益于自己平时的人格魅力。为什么有的人一开口就具有无比的影响力？其实观察他们时，就会发现他们都有一个共同的特质，那就是他们的话里带有一股力量。这种力量可以称之为信念，通过这个信念的实现，就会产生影响力，让员工觉得领导者就是那种可以完成并实现信念的人。

（3）从大局的利益出发。

一个人待人处世如果只从自己的利益出发，那就不可能得到团体的认可，也更谈不上树立自己在他人心目中的权威形象了。如果一个人只考虑到自己的情况，没有从大局考虑，他的行为自然得不到大家的认可。其实这种情况常常在我们的生活和工作中发生。因为人总是会自觉或不自觉地从自己的角度出发来考虑和处理事情，如果你学会设身处地地为他人着想，你就可以得到大家的信任。

（4）仔细倾听部属的意见。

尤其是具有建设性的意见，更应予以重视，热心地倾听。若那是一个好主意并且可以付诸实施，则不论属下的身份多么微不足道，亦要及时采用。

部属将因为自己的意见被采纳而获得相当大的喜悦。即使这位属下曾经因为其他事件而受到你的责备，他也会毫不在意地对你备加关切和尊崇。由于上司对部属的工作提案相当重视，不论成败皆表示高度的关切，因此属下会感谢这位上司，并觉得一切的劳苦皆获得了回报。

（5）对于工作要耳熟能详。

"希望接受这位上司的指导，想要跟随他，听从他的话绝对不会错……"若属下对你有如此印象，你必然深受尊重。至于邀属下喝酒、送属下礼物的行为，是不必要的。

（6）不强求完美。

上司交代属下任务时说："采取你认为最适当的方法。"即使属下工作的结果并不很完善，上司也应用心地为其改正过失。

你必须具备对部属的包容力，不能忽略给予失败的属下适当的肯定。虽然部属的任务失败了，但切勿忽略了部属在进行工作时所付出的努力，并且需要给予适当的评价。

（7）果断地提出你的意见。

如果你做到了以上几点，那么我相信，你已经取得了大家的信任与尊重。但是如何来表现你的权威呢？你平时必须要做到自己心里有底，说话要坚决。

有些人，在工作中面对某些问题时，明明有自己的见解，却思前想后，犹犹豫豫，等到其他同事提出时才懊悔不已。一次一次的错过，使得自己失去了很多表现的机会；还有一些人，平时说话老是模棱两可，明明是一个正确的意见，却让他人产生模糊的感觉，这也会让他人对其权威性产生怀疑。

做人秘语

是否拥有威信，是一个管理者能否成功的关键！

保持适当的距离

距离产生美。

与上、下级交往更应注意保持心理上的安全距离。

中国人很讲究哥们义气，而且有结拜异姓兄弟的传统。只要情投意合，便要义结金兰，有了八拜之交即可为朋友两肋插刀，"有福同享，有难同当"。这一传统大概是受了《三国演义》中刘关张"桃园三结义"的影响。想当年，刘备为了让关羽和张飞辅佐他打天下，与其结为患难兄弟并发誓"不能同年同月同日生，但愿同年同月同日死。"这种做法对于笼络关、张二将为其效力卖命起到了不可估量的作用。从此以后，关羽和张飞便成了刘备的左膀右臂，供其驱使，死而后已。为了一个"义"字，关云长经受住了曹操高官厚禄的诱惑，毅然挂印封金，过五关斩六将千里寻兄。正是有了关、张二人的鼎力相助，刘备才得以在屡败之后终能据荆州、取西川、占汉中、与孙权和曹魏形成鼎足之势，终于成就了帝王之业。

当今社会，有些领导常说"要和人民群众打成一片"。的确应如此，假如不这样做，那就是脱离群众。但是，这种"打成一片"，也要有个限度，并要保持一定的距离，否则领导和群众完全一样了，人家还要领导干什么呢？

人之所以能够从世间的万事万物中感受到和谐之美，全在于他与别人之间保持了适当的距离。而与上、下级交往更应注意保持心理上的安全距离。

有句话说得好，距离产生美。不要认为人与人之间的距离越近，关系就越深。

对于领导来讲，在一定的原则指导下和下级相互往来有利于加深两者之间的相互理解，确定两者之间正常平等的关系。但在有些单位里，有的领导放弃了和下属之间的距离，跟下属称兄道弟，使得他和下属之间毫无分别。结果在工作中，命令没人听，工作无人干，这领导形同虚设。

有位领导非常喜欢他的一个下属，处处护着他，对他推心置腹，将公司的重要机密都毫无保留地告诉给他。最后，那个人跳槽到其他公司。最后的结果将会怎样呢？不用说，你也可以想到。

无数事实都可以证明：如果一个领导过分地和下属进行无原则的交往，会导致庸俗的交往泛滥，从而给管理方面带来诸多矛盾和困难，这样也在原则上丧失了领导者的形象。

领导和下属的关系在工作时间里万万不可颠倒，要始终保持着领导与被领导的关系，下级不可越权，否则会造成不好的后果。上级和下级之间无论相处得多么亲密，他们的位置却是始终不能改变的：领导在上，下属在下。上下颠倒要不得，只会招致失败。

要想作为一个成功的领导者，就需要始终和自己的下属之间保持一定的距离。但这段距离不可太长，太长了会和下属之间产生隔阂；也不能太短，太短了就会使下属为所欲为。

对于下属来讲，与领导保持不即不离：不远不近的距离可使自己有很大的发展空间，而且不至于领导把什么事情都推给自己做，使自己困在永远都忙不完的事务之中，没有空余时间做自己想做的事。

有的人认为自己跟领导是多年的老关系，而且整天形影不离，前途已大有保障。其实，眼下的得意是微不足道的，一点也靠不住。不久之后你可能突然发现，这种表面很近的距离而且很牢靠的关系其实是很危险的，就像走钢丝一样，不跌便罢，一跌下去，那将会是粉身碎骨！

只有与领导保持恰当的距离，一段若有若无的距离，你们之间的关系才能永葆和谐，周围的人也不会把你当成某一个特定人物。就算一时得到领导的恩宠，也要步步谨慎，保持距离。因为从长远的眼光看来，这是一条处处充满危险的羊肠小道，领导是一个利益和危险并存的漩涡中心，这就决定了你不能离这个中心太远，也不能靠得太近。

当今，无论是在机关还是各类企事业单位，与同事相处，太远了当然不好，人家会认为你不合群、孤僻、不易交往；太近了也不好，容易让别人说闲话，而且也容易令上司误解，认定你是在搞小圈子。只有和同事们保持合适的距离，才能成为一个真正受欢迎的人。所以说，保持不即不离、不远不近的同事关系，才是最难得的和最理想的。

你应当学会体谅别人。不论职位高低，每个人都有自己的工作范围和责任，所以在权力上，切莫喧宾夺主。记着永不说"这不是我分内事"这类的话，过于泾渭分明，只会搞坏同事间的关系。

在筹备一个任务前，要谦虚地问上司："我们希望得到些什么？""要任务顺利完成，我们应该在固有条件下做些什么？"切记不要在人前议论别人的短处，夸耀自己的长处。比较小气和好奇心重的人，聚在一起就难免说东家长西家短。成熟的你切忌加入他们的一伙，偶尔批评或调笑一些公司以外的人，倒是无伤大雅，但对同事的弱点或私事，保持缄默才是聪明的做法。记着，搞小圈子，有害无益。公私分明亦是重要的一点。同事众多，总有一两个跟你特别投机，私底下成了好朋友也说不定。但无论你职位比他高或低，都不能因为关系好这个原因，而做出偏袒或恃势之举。对于成为现在工作中搭档的旧友，相处时，大前提是公私分明，你俩必须忠诚合作，才可以制造良好的工作效果。一个公私不分的人，是做不了大事的。更何况，老板们对这类人最讨厌，认为不能信赖。所以你应该知道如何取舍。

做人秘语

只有和同事们保持适当的距离，才能成为一个真正受欢迎的人。

保持距离，做到心里有数，你的事业就会成功！

展示信任，换取忠诚

信任员工是搞好工作的关键。

信任也是一种强大的激励手段。

给予信任，收获忠诚。

管理者一般都希望属下对组织有一种强烈的忠诚感。但忠诚是相互的。如果管理者能够信任自己的属下，就能够得到属下的这种忠诚。对一个企业而言，如果经理期望属下对自己忠诚，经理就必须对属下完全信任。

如果你的领导怀疑你的能力或其他毛病时，你一定会不高兴，要找领导论理，脾气温和者从此会士气大消，毒辣者则会暗恨在心。这些问题不彻底解决会闹矛盾，给公司带来极不好的影响。因此，作为公司领导，一定要引以为戒，要有宽宏大量的气概，切记：展示信任，换取忠诚。

信任可以增强下属的责任感。作为管理者，只有对下属充分地信任，以信任感激励下属的使命感，下属才能更加自觉地认识到自己工作的重要性，从而在工作中尽职尽责。

信任可以增强下属的主动进取精神。《寻求优势》一书中有这样一句话："实际上，没有什么东西比感到人们需要自己更能激发热情。"信任就意味着放权，管理者因信任下属，也就敢于放权，下属得到了工作的主动权，就能放开手脚，积极大胆地进行工作，有所发明，有所创造。

信任可以使人才脱颖而出。人才的成长不仅在于他内在的素质，也依赖于外在的条件，"时势造英雄"这句话充分说明了环境条件在人才成长中的重要性。下属一旦受到上司的信任，就会产生一种自我表现的强烈欲望，充分调动自身的潜能，把工作干得好上加好，以赢得上司更大的信任。因此，选拔与重用是加速人才成长的重要途径。

信任可以留住人才。组织与组织之间的人员流动是正常的和不可避免的，但人才的流失则对组织是有害的。信任是管理者的良好品格，会像磁石一样吸引住人才；猜忌、多疑则是一种病态心理，最容易导致人才的流失。

刘备被曹操追至当阳长阪坡，有人说赵云投奔了曹操，刘备马上说："赵云是吾知交故友，乃忠义之士，在患难之际，决无二意。"结果，赵云救回后主而归。

对属下信任，他才鞠躬尽瘁，因为你肯定他的奉献，衷心欣赏他的才华，把他视为朋友兄弟。作为领导，要是听信谣言或别人的说三道四，无故怀疑属下的能力和才干，对工作是很不利的。

对属下的信任，可展示领导广阔的胸襟，能换取属下对你的信任与尊敬。领导信任属下，可刺激属下竭尽全力搞好工作，办好事情。谁也不愿在别人面前丢面子，显得自己无能，属下一旦得到领导人信任，他就会当作表现自己的极好机会，抓住机遇不放过。所以领导的一言一行，一举一动都是取得属下忠心的有效措施。

对属下体现信任，就是用人不疑。这个"不疑"是建立在自己择用人才之前的判定、考核基础上的。不用则罢，既用之则信任之。管理者只有充分信任属下，大胆放手让其工作，创造良好的前提条件让他独立地发挥才干，才能使他产生强烈的责任感和自信心，从而具有积极性、主动性和创造性。

战国时期魏国的国君派大臣乐羊率军去攻打中山国。因为中山国国君的重臣乐舒是乐羊的儿子，所以朝中私论颇多，认为乐羊虽会打仗，但这次不会全心全意为国尽忠了。乐羊在抵达中山国后，决定用围而不战的战术攻城，所以一连数月，不动一兵一卒。于是私论成了朝论，弹劾他的奏章像雪片似地飞到了魏文侯的手中。魏文侯不动声色，反而派遣专使带着礼品、酒食远道去慰问乐羊，犒劳他指挥的军队。流言愈益沸腾，魏文侯索性大兴土木，给乐羊建了一座漂亮的别墅。终于，乐羊按计划攻克了中山国，得胜回朝。魏文侯特意为乐羊举行盛大的庆功酒宴，并赏给了乐羊一个密封的钱箱。乐羊回到家后打开一看，不禁感动万分。原来，箱子里装的不是魏文侯赏给他的金银绸缎，而是满满一箱在他攻中山国时大臣们弹劾他的秘密奏章。乐羊这才明白，如果不是魏文侯对他的这种超乎寻常的信任，不要说攻打中山国的任务不能完成，就是自己的性命恐怕也难以保住了。

做到用人以信、用人不疑并不是那么容易的，除了要运用自己的权力给人创造发挥才干的条件外，还要能在流言如矢的情况下持信而不移；并且在遇到困境时，能与下属同甘共苦；而且不只是以消极的态度等待其发挥才干、创造佳绩，而是以积极的态度参与其中，增强其信心，扶助其毅力，以其事代其成。因此，这种用人以信的品德，同时也体现为宽广的胸怀、临难不苟的气度、高瞻远瞩的眼光。这当然是为政者的一种素质了。士为知己者死，用人用到魏文侯那样的水平，是不愁求不到贤才的。

所以说，一旦决定某人担任某一方面的负责人后，信任即是一种有力的激励手段，其作用是强大的，最能换来他的忠诚。

试想一下，使用了他，又怀疑他，对其不放心，是一种什么局面？如果员工得不到起码的信任，其精神状态、工作干劲会怎样？

但如何做到展示信任，换取忠诚呢？可以采用以下几种方法：

（1）将心比心为属下着想。

（2）放开手脚让部下干。

（3）表里如一让属下安心。

做人秘语

信任你的属下，实际上也是对属下的爱护和支持。

疑人不用，用人不疑，就是给人以充分的信任。

坚持信任的原则，让属下发挥其才能。

善用赏罚有厚报

赏和罚是统治者手中的两支判笔。

如果"罚"不奏效，不妨用"赏"来替代。

英明的君主驾御臣下，靠的是两根大棒：刑和德。杀戮叫做刑，奖赏叫做德。作为臣下，无不害怕被责罚而喜欢受奖赏，所以君主只要掌握好刑和德这两根棒，那么群臣就会害怕他的威严，而去争取奖赏。

古人指出："求将之道，在有良心，有血性，有勇气，有智略。"对于那些本性忠良的下属，一定要大胆施恩，以鼓励他的忠心。这样的话，有良心者能够忠一不二，为知遇者舍生忘死；有血性者，能够有一腔忠心的报国义气和情怀；有勇气者，面对强敌而毫无畏惧之。

秦穆公就深知此道，他很注意施恩布惠、收买民心。一次，他的一匹千里良驹跑掉了，结果被不知情的穷百姓逮住后美餐了一顿。官吏得知后，大惊失色，把吃了马肉的三百人都抓起来，准备处以极刑。秦穆公听到禀报后却说："君子不能为了牲畜而害人，算了，不要惩罚他们了，放他们走吧。而且，我听说过这么回事，吃过好马的肉却不喝点儿酒，是暴殄天物而不加补偿，对身体大有坏处。这样吧，再赐他们些酒，让他们走。"过了几年，晋国大举入侵，秦穆公率军抵抗，这时有三百勇士主动请缨，原来正是那群被秦穆公放掉的百姓。这三百人为了报恩，奋勇杀敌，不但救了秦穆公，而且还帮助秦穆公捉住了晋惠公，结果大获全胜而归。

罚是伤人的方法，因此往往很难奏效。而以赏代罚则不同，它是用一种诚意给人以实惠的合作方式，既可调动积极性，又可使人不产生抗拒的逆反心理。所以，如果"罚"不奏效，你不妨用"赏"的方法来达到目的。

由上可见，得人心者得天下，善于利用奖赏、施恩等方式谋取人们的归顺的人才是管理高手。

一个团结协作、富有战斗力和进取心的团队，必定是一个有纪律的团队。同样，一个积极主动、忠诚敬业的员工，也必定是一个具有强烈纪律观念的员工。可以说，纪律，永远是忠诚、敬业、创造力和团队精神的基础。对企业而言，没有纪律，便没有了一切。

公司方面虽然会强调"赏罚必明"，但是身为部属，却会认为公司偏袒某一方，或者处置不公。

因此当你在叱责属下时，对方也并非一定都会从内心深处感到懊悔，并且向你道歉。有的属下反抗心理较强，他会始终低着头听你的叱责，但最后会冷笑一声说："不！不！您的教训相当有道理，这全都是我不好。"对于此类型的部属，你必须使他了解你叱责的缘由。或许你必须花费较长的时间与精力，但是你不可吝于付出努力。对于此类部属，一定要追根究底地和他争议到他能完全理解为止。

有的部属在将被叱责时，会很有技巧地支吾其词，或者将责任推到别人身上，然后逃之夭夭。应付这种狡猾的部属，你必须严厉地叱责他。假如你对此种现象视而不见，则"赏罚必明"原则便会有所疏失。

对于可能产生反抗行为的部属，你必须使其了解错处。或许对方会提出辩解，你必须静下心来倾听，然后在属下的辩解中发现他的误解之处，一旦有夸大其词、歪曲事实之嫌时，应马上指正并令其立即改正。

有的属下因为被叱责而显得意志消沉，也有的会吓得面无人色。然而叱责亦是一帖好药，你可以借此期待他从失意的泥沼中站起来。

当叱责对属下而言，是一个相当沉重的打击时，不妨在私下拍拍他的肩膀或握握手予以安慰，并加上一句："不要灰心！"

华盛顿一家印刷公司有位技师，负责维修公司里数十台打字机以及其他昼夜不停运转的机器。他抱怨工作量太大，要求派一位助手帮助他。

为了纠正他的态度和观念，而又不伤害他的自尊。公司的董事长既没有像一般老板那样给他另派助手，也没有降低工作量和时间，而是给这位技师配了一间专门的办公室，在门口钉上"维修部部长"的牌子。这么一来，他就不再是普通技工，摇身一变而成为部长了。这种做法满足了他的自重感，于是他将过去不满的情绪统统忘掉了，而且更加卖力地工作了。

凡是善于管理的人，都懂得运用赏罚之法，以调动属下的积极性，从而达到自己预期的目的。

作为领导者，有赏有罚才可以引导属下认识是非，所以赏罚成为用人方法中的重要组成部分。

做人秘语

以赏代罚可出勇者。

赏与罚既是激励的战术又是教育的手段。

弹性管理，温情感人

掌握主动，留有余地。

对人的管理不做出统一的标准，千人千面。

管理者与员工之间无疑是一种"管理"与"被管理"的关系。身为领导者，无不希望下属对自己尽心尽力、尽职尽责。因为只有做到这一点，才能证明自己是一个成功的管理者。

可是，并不是每一位管理者都能实现这一目标，恰恰相反，成功的管理者往往只是少数人。

在这里，决定成功与失败的关键因素，就是管理者采取什么样的管理方式，运用什么样的管理方法，这向来是管理学者们所讨论的一大重点问题。

高明的领导者懂得：弹性最能予己以主动，对人对事弹性处之，回旋余地自然很大。

布默尔公司总裁彼得·普诺尔说："领导人物必须是与众不同的，他能控制各种假定状况并能对传统持有怀疑态度。他具有追求真理的毅力，拟定决策必须基于真凭实据，不可依据个人偏见行事。领导人物必须是体察入微的，对于员工具有高度的敏锐力。他能充分了解职员的心理，并培养相互的信任。他必须能将企业目标明确地告诉大家；他应该常常鼓励赞美员工，而不应总是批评指责，他不仅要让员工敬畏，还需要得到员工们的敬爱。"

"弹性管理"是领导在具体办事的时候运用灵活的一种手段，可将所说的话所做的事尽量地留有余地，是一种可进可退的手段，但又区别于模棱两可。如果遇到非明确答复不可的事但又不好答复时，可以"考虑考虑"、"研究研究"（再作答复）为盾牌，为自己争取迂回的时间。

弹性管理政策的目的在于从原则上相对保证政策的连续性与稳定性。从精神实质上为领导者开辟一个大的回旋余地。像武侠小说中的回旋镖，击中目标就击中了，击不中，镖还回到自己手上，绝不至于陷入被动。

弹性管理的原则是，增强方针政策在文字语言方面的笼统性和大原则性，减少它的具体性，以便随时按照需要，改换它的内容。

为了加强管理，有的管理者采取强硬手段。即使当他们解雇某人时，他们也并不因为内疚而变得犹豫不决。他们一旦要采取坚决措施，就会变得冷酷无情。

默克在工作时经常会勃然大怒。身为上司他似乎有这样的特权，可下属心里并不痛快。默克向亲近的人抱怨：我的工作压力这么大，什么事都在那儿撑着，压抑着自己，不让我发泄一下，我的心理健康会受到损害，也许还会得病呢。

其实，默克只想到了问题的一个方面。许多管理者认为生气时不把怨气发泄出来，久而久之会造成心理压抑，只有把心中的怒火释放出来才有益于健康。不可否认，刻意压抑情感，甚至生气时也强装笑脸确实是有害于健康的。实际上，许多专家也建议我们生气时最好不要压抑，而是把它宣泄出来。

但是，怎样才是表达感情的最好方法呢？提高嗓门、大声斥责，这样你就占了上风吗？答案是否定的。发脾气、失去控制只能让你得到一时的心理满足。但事后很多人仍会像"爆发"之前那样心烦意乱，有些人还会为自己如此失去控制平添一分担忧。因为发泄怨气会使自己的形象受损，朋友可能因此对你敬而远之，下属可能因此对你阳奉阴违，这一切是你想要的吗？哦，不！这样尴尬的处境是我们不愿意见到的。

一般来说，成功的管理者多以温和的和富有人情味的方法管理下属，也就是说以询问、鼓励和说服等方法带领他们前进。因为用奖励或肯定的方法使某种行为得以巩固和持续，比用否定或惩罚的办法使某种行为得以减弱或消退更有效。大多数受过教育的人喜欢做别人请求他们做的事而不愿做别人命令他们做的事。而且从长远观点看，批评过多会损害他人的自尊心，使他们的工作效率下降，给个人的精神造成极大的伤害。

怒火只会让你失去理智，想想看，一个总给别人带来紧张和不愉快的人，是不是很容易被大家孤立呢？其实，你只要换个位置想想，当你有过错时，你希望别人如何对待你呢？这么一想也许你就会很快地变得心平气和。

你的地位越高，控制你的情绪就越重要。同事、上司、下属和客户每天都在考验你。他们观察、研究你的意向，往往把他们的意向同你的意向作比较。你的情绪，不仅可以影响你的工作，而且还可以影响他们的工作。人们常常仿效他们的顶头上司。但不要天真地以为，他们的行为会同你的行为一模一样。正如同他们研究你一样，你也要检验、观察和研究他们。如果他们的态度不好，失去控制，一定不要让他们影响你。

领导者的管理能力往往表现在下达命令上，因为在任何一个机构和部门中，令行禁止是最起码的工作纪律。作为领导者，如何给下属下达命令，这要看他所命令的对象和当时的情形而定，该硬时有时可软，该软时有时也可硬，每一个管理者都应清楚这一点。

做人秘语

管人要运用灵活的手段。

学习弹性管理的智慧。

做人有度，万事留情

不将赌注押在一个人身上

有"心计"的人懂得：要在社会立足就要结交高人，倘若眼光只顾一处不及其余，有朝一日靠山一倒，墙倒众人推，必使自己身陷险境。

商鞅在秦国实行变法之初，为了能取得百姓的信任与支持，便在国都咸阳的南门立了一根三丈长的木杆，声明说，谁能将这根木头搬到北门去，便赏他十金，事小而赏重，老百姓都觉得很奇怪，谁也没有干。商鞅又宣布："能搬到北门去的，赏五十金。"重赏之下必有勇夫，有一中年汉子抱着试试看的心情给搬了过去，商鞅立即给了他五十金，以此表明他说话是算数的，接着便颁布了变法的命令。

颁行一年多，但反对者无数，连太子也不以为然，一再犯法。商鞅说："变法的法令之所以不能贯彻执行，是由于上层有人故意反抗。"便想拿太子开刀，刑之以法。可是太子是国君的接班人，是不能施刑的，结果便拿太子的两个老师当替罪羊，一个被割掉了鼻子，一个在脸上刺了字。当时商鞅甚得秦孝公的宠信，权势极盛，太子拿他也无可奈何。

商鞅的变法取得了巨大的成功，经过十几年的时间，秦国的国力得到了极大的充实，武力得到了极大的增强，由一个西部的小国一跃而成为七雄之首。

然而，正当商鞅的权势如日中天之时，秦孝公死了，太子继位，是为秦惠文王。他一上台，他的老师便出面告发，说商鞅想要谋反，惠文王下了逮捕令，商鞅匆匆忙忙逃离咸阳，当他来到潼关附近想要投宿，旅店的主人也不知道他就是商鞅，拒绝收留他，说道："根据商君的法令，留宿没有证件的客人是要进监狱的！"

商鞅这才是真正的自作自受，他走投无路，被收捕，车裂（即五马分尸）于咸阳街头，家人也被灭族。

商鞅虽然长于谋国，但拙于做人，他没有想到，宠信他的秦孝公不可能陪他一辈子，未来的天下毕竟还是太子的，这样的人怎么可以得罪呢？

常言道，人无远虑，必有近忧。商鞅其人，作为一个改革家，在政治上极具远见的，他的变法政策，为秦孝公以后几代秦国的国君（包括处死了他的惠文王）所信守，秦国因之而强大。

商鞅，作为一个改革家，在改革大业上他是一个英雄，但在如何做人上他却是个失败者，不懂得给自己留下一条后路。

吴起是战国时的一位军事家、改革家，深得国君楚悼王的倚重，任命他为相国，主持楚国的变法。他变法的一个主要的内容便是"损有余而济不足"，把矛头指向在楚国根深蒂固、势力雄厚的贵族，剥夺他们的田产，废除他们的特权，并将他们迁移到偏远的地区去开荒种地。

因此，吴起遭到了旧贵族势力的强烈反对和憎恨，只是由于楚悼王的支持，这些人一时还奈何他不得。公元前381年，楚悼王死了，吴起的后台没有了，那些仇恨积压已久的旧贵族们再也按捺不住复仇之心，立即对吴起群起而攻之。吴起无处可逃，情急无奈，一下子扑到了楚悼王的尸体上，他估计那些旧贵族们一定不敢再对他施行攻击的，如果伤害了国君的尸体，那可是灭族的大罪。可那些疯狂的贵族早已失去了理智，什么也顾不上了，乱箭齐发，国君的尸体并没有帮吴起的忙。吴起的变法触犯了整个楚国上层统治集团的利益，只要这个集团还存在，他的悲剧命运便是不可避免的。

从处理官场的人际关系来说，吴起的遭遇给了我们一个重要的经验教训。吴起以为，有了楚悼王这样的最高掌权者的支持，他便可以有恃无恐，放手大胆地去干他所想干的一切，而对其他政治势力的态度可以不闻不问。殊不知，在政治舞台上，在官场上，没有永远不倒的靠山，像楚悼王这样地位的人，你将他作为一个孤注，将一切成功的希望都寄托在他一个人身上，有朝一日，他两眼一闭，呜呼哀哉了，你该怎么办呢？

就像一个老于棋道的棋手一样，当你走出第一步棋之后，还要想到第二步、第三步如何走，走一看二眼观三，这样你才能在瞬息万变的环境里，始终立于不败之地。

做人秘语

作为一个有"心计"的人，不仅要照顾到方方面面的利益，又要瞻前顾后，考虑到事情的前因后果。

见好就要收

做任何事情都要有个限度，必须懂得见好就收。

中秋，皓月当空，一年轻人夜走山路。拐过一山口，突然金光四射，眼前的一切物体都变为金体，金树、金草、金石。正愕然，一老妪飘然而至，对他说："小伙子，今天算你走运了。"说着从脚边拣起几块金石递给他说，"回家好好过日子吧！"年轻人叩头谢恩，再抬头，老妪已不复存在。

他揣着几块金石继续赶路，边走边想：身边这么多金子，何不多拣几块回家？于是他弯腰尽拣，直到抱不下为止。路遇一桥，过桥即可到家了。他在桥上稍加歇息，不禁又想：这么多金子，何不回家取物来装，还在乎怀里这一点？于是将怀里的金石尽抛水中，飞快地跑回家取一大竹篮。待他再回到遇仙之地，一切已经不复存在。

回到家里，亲友无不群起而攻之，有的说：如此贪心，有怀里那一抱金石不也够了？更有人说：有老太太给的那几块金石也心满意足了！

他顿足捶胸，号啕大哭。

遇仙之事固然乌有，但贪心的却大有人在，见好就收看来还是有道理的。做人不要贪心不足，如果你贪心不足了就会什么也得不到。

一个人想出了一个捕捉麻雀的好办法，他把箱子制作成一个有进无出的陷阱，一旦麻雀进去了，只要把进口堵上，就难以逃出来。

这天，他抓来一把谷子，从箱子外面一路撒下去，一直撒到箱子里面，然后他在箱子盖上系了一根绳子，自己攥着绳子的一端，远远地躲在一边，等着麻雀的到来。只要他把绳子轻轻一拉，箱子的盖就会关上，麻雀就跑不出来了。

不一会儿，一群麻雀看到了谷子，都欢快地啄食起来，他数了数一共有 15 只呢。15 只够他吃好几天了。有 4 只进箱子里了，已经有 9 只了，13 只了，他盯着外面的两只麻雀，要是它们也进去了，自己就可以一个礼拜不用出来工作了。

他正想着，一只麻雀溜了出来。他懊悔地想刚才真该拉绳子。如果再进去一只我就关，他这样想。可是又出来两只，在他想的时候又跑出来两只……

最后，他眼睁睁地看着那群麻雀心满意足地离去了。箱子里什么都没有了，包括他的谷子。

也许有人会说，见好就收可能会失去更多的机会。但是当这个"好"到了一定限度，收也无妨，毕竟你已经占了大部分利益。15 只麻雀捕到了 13 只，已经是决定性的胜利，如果把目标定在百分之百的占有上，那就是人心贪婪的表现。

"见好就收"这一俗语、俗理透射着理性的光辉和对尺度冷静把握的坚毅。只知大杀大砍的乃是匹夫之勇，知道适时鸣金收兵的则是良将和智者。任由李逵挥着两把板斧，不问青红皂白，只管排头砍杀过去，经常地连他自己也弄不清跑到哪儿了，非得由燕青、吴用等人大喝一声"黑厮，休要只顾杀人"，才能把他拉回到"正确路线"上来。

阿拉伯人应该算是很早就有了商品意识和商业行为的，他们就深谙"见好就收"之道。《阿里巴巴与四十大盗》中，念着"芝麻芝麻开门吧"的口诀，就能进了藏宝之洞，有的人适量地敛了财宝，既没眼发红、心发黑，也没脑袋发胀，遵循了"见好就收"的原则，冷冷静静出了洞，安安生生过日子去了；有的人一进洞，不光是眼花了、心花了，连脑袋都大了好几圈，利令智昏，怎么拿都嫌不够，口诀？哪还记得啊，让强盗们回来给大卸了八块……

有的人容易在"度"的把握上失误，不懂得见好就收的道理，殊不知适当把握"度"，对你做好一件事常常会起到事半功倍的作用。

做人秘语

做人不要太贪婪，要把握好度，懂得见好就收。

不得罪小人

有"心计"的人，会尽量不与小人发生正面冲突。一句话，如果不是非有必要，就不要得罪小人。

为大唐中兴立下赫赫战功的唐朝名将郭子仪，不仅在战场上战胜攻取，得心应手，而且在待人处世中，还是一个特别善于对付小人的处世高手。

"安史之乱"平定后，立下大功并且身居高位的郭子仪并不居功自傲，为防小人嫉妒，他反而比原来更加小心。有一次，郭子仪正在生病，有个叫卢杞的官员前来拜访。此人乃是中国历史上声名狼藉的奸诈小人，相貌奇丑，生就一副铁青脸，脸形宽短，鼻子扁平，两个鼻孔朝天，眼睛小得出奇，世人都把他看成是个活鬼。正因为如此，一般妇女看到他这副尊容都不免掩口失笑。郭子仪听到门人的报告，马上下令左右姬妾都退到后堂去，不要露面，他独自一个人等待。卢杞走后，姬妾们又回到病榻前问郭子仪："许多官员都来探望您的病，你从来不让我们躲避，为什么此人前来就让我们都躲起来呢?"郭子仪微笑着说："你们有所不知，这个人相貌极为丑陋而内心又十分阴险。你们看到他万一忍不住失声发笑，那么他一定会嫉恨在心，如果此人将来掌权，我们的家庭就要遭殃了。"后来，这个卢杞当了宰相，极尽报复之能事，把所有以前得罪过他的人统统陷害掉，唯独对郭子仪比较尊重，没有动他一根毫毛。

在待人处世中，千万要小心，不要轻易得罪小人，得罪了他们，本来美好的一生说不定会毁在他们手里。

所谓小人，就是那种人品差、气量小，不择手段、损人利己的人。他们的特点是动辄溜须拍马、挑拨离间、造谣生事、结仇记恨、落井下石。

那些生活在我们身边的鼠辈小人，他们的眼睛会牢牢地盯着我们周围所有大大小小的利益，随时准备多捞一份，为此甚至不惜一切代价准备用各种手段来算计别人，真是令人防不胜防，说不定什么时候就会在背后给你一刀。

小人的行为让人莫名其妙，其心眼极小，为一点小荣辱都会不惜一切，干出损人利己的事来。

小人是琢磨别人的专家，敢于为芝麻大小的恩怨付出一切代价，因此在待人处世中如何与小人打交道，还真得有一套行之有效的方法才行。如果你既不想把自己降低到与小人同等的地步，也不想与小人两败俱伤的话，那就把脸皮磨厚点，或者睁一只眼闭一只眼，不理了事；或者惹不起躲得起，尽量不与小人发生正面冲突。一句话，如果不是非有必要，那就别得罪小人。

君子不畏流言不畏攻奸，因为他问心无愧。小人看你暴露了他的真面目，为了自保，为了掩饰，他是会对你展开反击的。也许你不怕他们的反击，也许他们也奈何不了你，但你要知道，小人之所以为小人，是因为他们始终在暗处，用的始终是不法的手段，而且不会轻易罢手。

做人秘语

你不能消灭身边的所有小人，那么就要认清他们。但是也不必嫉恶如仇地和他们划清界限，因为他们最需要的是自以为是的自尊和面子。

不暗箭伤人

做人要光明磊落。好汉明枪交战，不要暗箭伤人。

某大学的两位同窗好友，一起考上硕士，一起参加 GRE 考试申请出国。结果赵某分高，收到哈佛的录取通知书，有 15000 美元的奖学金，而钱某成绩差，没有联系到学校。

赵某高兴地办手续时，却看到电子信箱上的信息：哈佛同意他的申请，撤销哈佛奖学金，祝他在别的学校也取得好成绩。赵某一下子目瞪口呆，原来是钱某暗地里做的手脚。赵某气愤之余将钱某告上法庭，最终赢了官司，哈佛奖学金因事实澄清又被恢复了。而钱某由于妒忌心太强而作茧自缚，失去了自己最好的朋友。

所谓暗箭伤人，通常指在商场上运用欺诈、诡计、阴谋等手段使对手一败涂地。这种手段最早可追溯到战场上的用兵，像什么"兵不厌诈"、"瞒天过海"、"偷梁换柱"、"明修栈道，暗渡陈仓"之类的都是战场上攻敌制胜的法宝。

战争毕竟不是年年月月都有，于是不甘寂寞的人把此类招数用在年年、月月、日日都有的商场上。

商场上竞争激烈，同样像战场一样有你死我活、鱼死网破的大起大落，运用暗箭伤人的手段也是屡见不鲜。

善用暗箭伤人的人，没有光明磊落的勇气，有的是一肚子的小人伎俩。

如果你以前是一个喜欢暗箭伤人的人，有悔改之意，那你不妨试一下以下方法：

（1）弃恶扬善。向来有人性善、人性恶的争论，善恶其实是没有界限的，只要你正确对待，善恶是很容易超越的彼岸。一个人只要保持自己的童心，就不会心存害人之心。

（2）减少欲望。所有的宗教都在要求人们"无欲无望"，或者"存天理，灭人欲"。而喜欢暗箭伤人的人一般都从自私自利的角度出发。欲望的降低或减少要靠人性的觉悟，即"淡泊明志"。

做人秘语

正如俗语所说"玩火者必自焚"一样，喜欢暗箭伤人的人必然会"搬起石头砸自己的脚"，最终玩得自己迷失了方向。

不必"棒打落水狗"

落水狗可以打死，人却还要相处，所以，有"心计"的人是不会跟着别人一起去"棒打落水狗"。

黄小姐是一家杂志社的编辑，由于她曾在英国呆过一段时间，行事有些洋派，在那作风保守的杂志社里显得有些格格不入。偏偏她个性散漫，又常做错事，总编辑早就看她不顺眼，只因她是老板朋友的女儿，所以只好对她睁一只眼，闭一只眼。

有一天，为了一篇稿件，总编辑和黄小姐起了冲突，众人见战火引燃，纷纷过去围观。黄小姐还要力争，众人你一言我一语地加入战场，黄小姐一舌难敌众口，掩面而逃。之后，众人还不约而同地联合起来打击她，挑她稿件的毛病，批评她偶尔的迟到早退，后来，她只好辞职了。

这就是"棒打落水狗"，也就是对失势的人或遭遇困境的人加以打击。落水狗已经够惨了，你还用棒子打它，它焉能不死？说起来很残酷，但却是社会真实的一面，这种情形在有人的地方就会发生。

做人要有"心计"，大可不必跟随别人去棒打落水狗，或落井下石，应该坚持自己的原则。即使不能帮他，也大可不必推他一把。说不定他哪一天东山再起，你就要自讨苦吃了。

人具有求生存的本能，求生存除了靠一己之力外，也要靠他人的提携及团体的庇荫，因此人总是向力量强大的地方靠拢。这与其说是现实，不如说是人类的本能。因此当有人成为"落水狗"时，他在同仁眼中已失去了价值，而别人为了和他划清界限并向占上风一方示好及表态，当然也要打他一棒，也许无意伤害他，但常常在非理性的状态下这么做。

当然，"落水狗"被打还会有其他原因，例如平常和别人不易相处，锋芒太露，引人嫉妒，妨碍了别人的利益等等，这都会使人有把他除之而后快的心理。

每个人的价值观都不一样，做人的原则也不见得能让所有人满意，因此你绝对有成为"落水狗"的可能。成为"落水狗"还挨打，除了忍耐，别无他法；只要能上岸，你仍能像平时一样凶猛。

那么，要不要去同情或救这"落水狗"？如果你有这个勇气，不怕别人一并把你打下水，则大可在精神上支持他，只要你认为你的做法是对的，而这对你绝对是有益的。

做人秘语

在他人落魄之时，最需要的是理解和帮助，即使有积怨，也大可不必与别人棒打落水狗。

小心驶得万年船：做人要多留一个"心眼"

向别人倾吐心事要慎重

随便向人倾吐自己的心事，就是把自己的心灵弱点向别人展示，授人以把柄，他日会成为别人对你使坏的突破点。

早在安庆战役后，曾国藩部将即有劝进之说，而胡林翼、左宗棠都属于劝进派。劝进最用力的是王闿运、郭嵩焘、李元度。当安庆攻克后，湘军将领欲以盛筵相贺，但曾国藩不许，只准各贺一联，于是李元度第一个撰成，其联为"王侯无种，帝王有真"。曾国藩见后立即将其撕毁，并斥责了李元度。在《曾国藩》日记中也有多处戒勉李元度审慎的记载，虽不明记，但大体也是这样。曾国藩死后，李元度曾哭之，并赋诗一首，其中有"雷霆与雨露，一例是春风"句，潜台词仍是这件事。

李元度联被斥，其他将领所拟也没有一联合曾意，其后"曾门四子"之一的张裕钊来安庆，以一联呈曾，联说：

天子预开麟阁待；

相公新破蔡州还。

曾国藩一见此联，击节赞赏，即命传示诸将佐。但有人认为"麟"字对"蔡"字不工整，曾国藩却勃然大怒说："你们只知拉我上草案树（湖南土话，湘人俗称荆棘为草案树）以取功名、图富贵，而不读书求实用。麟对蔡，以灵对灵，还要如何工整？"蔡者为大龟，与麟同属四灵，对仗当然工整。

还有传说，曾国藩寿诞，胡林翼送曾国藩一联，联说：

用霹雳手段；

显菩萨心肠！

曾国藩最初对胡联大为赞赏，但胡告别时，又遗一小条在桌几上，赫然有："东南半壁无主，我公其有意乎？"曾国藩见之，惶恐无言，将纸条悄悄地撕个粉碎。

左宗棠也赠有一联，用鹤顶格题神鼎山，联说：

神所凭依，将在德矣；

鼎之轻重，似可问焉！

左宗棠写好这一联后，便派专差送给胡林翼，并请代转曾国藩，胡林翼读到"似可问焉"四个字后，心中明白，乃一字不改，加封转给了曾国藩。曾阅后，乃将下联的"似"字用笔改为"未"字，又原封退还胡。胡见到曾的修见，乃在笺末大批八个字："一似一未，我何词费！"

曾国藩改了左宗棠下联的一个字，其含意就完全变了，成了"鼎之轻重，未可问焉！"所以胡林翼有"我何词费"的叹气。一问一答，一取一拒。

曾国藩的门生彭玉麟，在他署理安徽巡抚，力克安庆后，曾经遣人往迎曾国藩东下。在曾国藩所乘的坐船犹未登岸之时，彭玉麟便遣一名心腹，将一封口严密的信送上船来，于是曾国藩便拿着信来到后舱。但展开信后，见信上并无上下称谓，只有彭玉麟亲笔所写的十二个字：

东南半壁无主，老师岂有意乎？

这时后舱里只有曾国藩的亲信倪人硙，他也看到了这"大逆不道"的十二个字，同时见曾国藩面色立变，并急不择言地说："不成话，不成话！雪琴（彭玉麟的字）他还如此试我。可恶可恶！"

接着，曾国藩便将信纸搓成一团，咽到肚里。

当曾国藩劝石达开降清时，石达开也曾提醒他，说他是举足轻重的韩信，何不率众独立？曾国藩黯然不应。

可见，在曾国藩的人生哲学中，有一套他独知的秘诀——

自护。

有些心事带有危险性与机密性，例如你在工作上承担的压力与牢骚，你对某人的不满与批评，你对某事的意见，当你痛快地倾吐这些心事时，有可能以后被人拿来当成和你竞争的有力武器，到那时你是怎么失败的，你自己也许都不知道。人在一生中，总免不了会遇到吃亏上当、摔跟斗的事。所谓"吃一堑，长一智"，在吃亏以后再吸取教训，深刻是深刻，代价未免大了些。

向别人倾吐心事一定要慎重，因为心事的倾吐会泄露一个人的脆弱面，这脆弱面会让人下意识地瞧不起你，最糟糕的是脆弱面被别人知道，会形成他日争斗时你的致命点，虽然这种事不一定会发生，但你必须提防。

做人有许多要诀值得细究，其中如何不让人知道你的心思尤其是重点。世事复杂，人心多样，暴露心思一般都是会被人盯梢的！

做人秘语

在现实生活中，许多心思不能随便向人表露，要慎言谨行。

不被表面现象迷惑

"表面现象"经常可以蒙蔽人，因为人们习惯于"以貌取人"，往往看不见"金玉其外而败絮其中"，看不见表面平静而内心波涛汹涌，看不见表面善良而内心狡诈。

清朝时，河南境内的一个镇上有一家金饰店。有一天，店里来了一个跛脚的男子。尽管他走路不方便，却穿得十分体面，他一走进店内，一开口就向店主人大发牢骚，说县令非常残暴，竟然为了一点小事就把他毒打成伤，还一副气呼呼的模样说他一定要报复，等等。

店主人忙着做他的事，听归听，做事归做事，并没有怎么注意他。这人说着说着，从衣袖里取出一片很大的狗皮膏药，就在打造金饰的炉边将膏药熏烤起来，似乎准备等膏药软化后，便用来贴敷身上的伤口。

这种借用店内炉火的事，在金饰店是常有的，算是给路人行个方便。尽管不认识这个人，但店主基于方便他人的心理，根本不疑有诈，谁知道等到膏药熔化后，跛脚汉竟然出其不意地将膏药往店主的脸上糊去。刹那间，店主人陷入一阵慌乱，本能地忙着处理被偷袭的头脸，那个跛脚男子却趁这个机会将铺中几件贵重的金饰席卷而逃！等店主呼救后，跛脚汉已经逃得不见踪影了。

无独有偶，在江西某地区也发生过类似的事情。一户卖米人家，在大门口放了几个米袋，有一天，忽然来了一个跛脚大汉，挺着个硕大的肚子，一瘸一瘸地走了过来，然后，气喘吁吁地就坐在米袋上面休息。

附近有不少人都看到了，但工作的工作，闲聊的闲聊，没有人会去在意这种事情，毕竟方便过路人嘛，没什么大不了。

过了一些时间，大家在不经意之间，似乎感觉那人站了起来，而且一瘸一瘸地又走了。可是，没多久，这户人家却发现少了一袋米。

经过大家追查，才发现那人跛脚是假的，大肚子也是假的，不过是为了掩人耳目，方便夹带米袋走人罢了！

这真是本想做好人行方便，却不小心之间丢了钱财。

以貌取人、以貌视物或许不是一项缺点，却是一项弱点。这种习惯成自然所养成的成见，虽然让人能够迅速辨别当下所见的事物，却也容易同时圈住人们的思考与判断，特别是在不经意的时候，最容易引起误判。

做人秘语

有心作恶或有意骗人的人，最喜欢利用人们思考判断上的"以貌取人"和同情他人的弱点，制造骗局，谋取财富。所以我们要时刻具备防范之心，就算不在意，也不能不注意。

不要贪恋女色

贪恋女色，往往引祸上身。

春申君是战国有名的四公子之一，与信陵君、孟尝君、平原君齐名。

时楚王考烈已在位10多年，享尽荣华富贵，后宫姬妾成群，但却是位男性不育患者，广泛求医，均未有结果。考烈王有些急躁，春申君更是着急，而春申的一个门客却暗暗高兴。

门客李园，奸诈阴险，做门客多年未被重用，一直怏怏不乐。考烈王无子，春申君着急的情况被他看在眼里，就打起了坏主意。他有一个妹妹李嫣，生得姿容俏丽，善媚邀宠。李园想把妹妹送入宫中，但又怕入宫后不怀孕而失君宠，遂想出一个"偷天换日"，让春申君代劳的"好主意"。

一日下午，他向春申君请假回家处理杂务，故意逾期不归。春申君见他超假好多天，自然要问。李园作出无可奈何的样子说："真是没办法，我有个妹妹李嫣，由于颇有姿色，齐王派专使前来求亲，我陪着使臣宴饮数日，实在无法脱身，误了归期。"

春申君一听，心想，一个普通民女竟闻名异国，想必是个倾城倾国的大美人，心中一动，便问道："你已经接受了齐王的聘礼吗？"李园答："方才进行婚议，尚未接受聘礼。"古礼以聘为订婚之制，故春申君忙说："可否让我见一见你的妹妹？"

一天晚上，李园把妹妹打扮一番，乘夜送入春申君府中。此女本有几分资色，再加上华衣艳彩，春申君竟然有些不能自持。当即赏李园300两黄金，留下李嫣侍寝，大加宠爱。

如此这般，未到两月，李嫣已暗结珠胎，她便把这一情况告诉了哥哥。李园听后，喜形于色。

李园于是把自己想让妹妹当皇后的谋划和盘托出，告诉李嫣在枕席间如何向春申君进言方可奏效。李嫣连连点头，兄妹二人开始使出奸计的第一步。

当天晚上，李嫣按时去春申君府中侍寝，故意面带愁容，满腹心事。春申君忙问缘故。

李嫣慢慢地说："楚王非常信任您，您的富贵地位连楚王的兄弟都赶不上。可是您当令尹近20年，楚王还无后代。楚王千秋万年之后，必将改立他的兄弟为君。俗话说，一朝天子一朝臣，您对他们没有丝毫恩德，他们必定要各自使用自己亲信的人。到那时，您的令尹地位还能保住吗？您江东的封邑还能保住吗？您若没了势位，我们俩的幸福又怎能长久呢？"

春申君听罢，暗暗点头，忙说："你说得对！你说得对！我还没考虑这么远，可如今该怎么办呢？"

李嫣娇滴滴地说："妾有一计，不但可以免祸，而且可永保富贵。但若用此计，妾感到有些愧疚，妾受君宠爱，连日来多承恩泽，今已怀孕，外人谁也不知道。况且妾侍君未久，外人也不知道。以您的身份把妾送进宫中，凭您的特殊地位，再凭妾的姿容，大王一定会宠幸我。如果老天保佑，他日生下男孩儿，必立为太子，日后继位为君，实质上就是您的儿子当楚王了，楚国都可得到，哪里还会有不测之罪呢？只是妾舍不得离开您啊！"

一席话说得春申君大梦初醒连说："太妙！太妙了！人们常说'天下有智妇人，胜于男了'，这就是你啊！就照你说的办！"

第二天，春申君入宫见楚王说："我听说李园有个妹妹叫李嫣，很有姿色，相面的人都说她必有儿子，而且必得富贵，齐王方派人来求婚，大王不可不先纳之。"

楚王见是春申君推荐之人，自然重视，立命内侍宣召李嫣入宫。不久李嫣果有怀孕之喜，到产期生下一对双胞胎，两个活生生的胖小子。

满月后即立李嫣为王后，立大儿子为太子，李园为国舅，与春申君共执国政。

几年后，考烈王身染重病，将不幸于人世。李园想到李嫣怀孕人宫之事，只有自己和春申君知道。太子若立为君，一旦知道原委，无论后果如何都对自己不利，不如先下手杀人灭口，除去春申君，便没有后患。自己和妹妹可高枕无忧地操纵楚国了。

于是，李园暗中派人访求一些亡命之徒，藏在私宅里。

不久，考烈王死了。李园早与妹妹及宫中的侍卫说好："王一旦驾薨，要先通知我。"于是他第一个得到消息，急忙进宫。传令任何人不准走漏消息，秘不发丧，安排那些亡命之徒埋伏在棘门之内。

挨到天黑，才派人报告春申君。春申君闻讯大吃一惊，也不和门客们商量，急匆匆驾车前往，刚进棘门，两侧甲士持刀冲出，大喊："奉王后密旨，春申君谋反宜诛！"春申君见状大惊，想要回车已来不及，手下人早被杀散，他也被一刀砍下头颅。李园立太子为君，这就是楚幽王，当时只有6岁。

幽王即位后，由母亲和娘舅幕后专政。李园自立为相国，独专国政，奉李嫣为王太后，尽灭春申君之族。此后，少主寡后深居宫中，李园一人独掌大权。

李园以7年的等待，以一个致春申君于死地的"美人计"，终于实现了夺权篡位的野心。

像春申君一样，历史上有太多的英雄豪杰，由于一时贪恋美色而使自己一生的努力都毁在女人的甜言蜜语中。

有个红颜知己来陪伴你，不要高兴得太早，小心红颜祸水。"贪恋女色，往往引祸上身"，也就是警告男人，不要贪恋美色。

做人秘语

男人若是在事业上升时期，就要谨慎提防你的周围，更重要的是注意你身边的女人，因为她们往往是你走向失败的"指路人"。

"谨慎"二字刻在心头

对人交心是危险的，甘愿打开自家一切窗户也是愚蠢的。交朋友也要有城府，否则会授人以柄，至少会反被人看轻。

清朝雍正皇帝在位时，按察使王士俊被派到河东做官，正要离开京城时，大学士张廷玉把一个很强壮的佣人推荐给他。到任后，此人办事很老练，又谨慎，时间一长，王士俊很看重他，把他当作心腹使用。

王士俊期满了准备回到京城去。这个佣人忽然要求告辞离去。王士俊非常奇怪，问他为什么要这样做。那人回答："我是皇上的侍卫某某。皇帝叫我跟着你，你几年来做官，没有什么大差错。我先行一步回京城去禀报皇上，替你先说几句好话。"王士俊听后吓坏了，一想到这件事两腿就直发抖。幸亏自己平时比较谨慎，没有亏待过这人，多吓人哪！要是对他不好，命就没了。

谨慎是很多人借以保持神秘感的法宝，但我们却常常把持不住。心里本来有什么东西，你把它当作自己的看家的内涵，放得很高看得很重，仿佛你就因为它而有资本，因它而含蓄和深沉。可一旦说出，你就没了，你便既不自主自在，又无神秘可言，自然也就显得不重要了！

初到一个新的人际环境，更要注意谨慎。因为这时候你极易发现人都是好的，于是被一团和气所迷，全忘了逢人只说三分话的古训。相处日久，了解渐深，你看到了此方生活的底面，才会意识到你原来所识的只是人家的一个侧面，此时所见才是完完整整立体多面的人。于是，你会再考虑抽身回转，与他人保持一种距离以保护自己。但是，你把自己交出去，就等于把水泼出去了，收不回来的。这样，以后你能平平衡衡地与人保持一种相等的距离吗？不可能。别人往你这儿来的是长驱直入，你往别人那儿去，却是寸步难行。没办法，你只好带着满身的扉子，疙疙瘩瘩地生活在这些人中间。

做人要有"心计"，要谨言慎行，切记做到以下几点：

（1）捕风捉影的话不要说。

我们说话办事要有真凭实据，如果我们向对方说的悄悄话，如风如影，纯属无稽之谈，那是很危险的。如你说，某男与某女（均有家室）在街道的树阴下拥抱亲吻，那情景真比演电影还热烈。若被听者传出，当事人可能恨你骂你，伺机报复你，甚至当面计较、对抗，要你说出个所以然来，你怎么说呢？把悄悄话再说一遍，请拿出证据来！你当时又没有摄像，又没有录音，怎么能够证明某男与某女曾有这种热烈的表演呢？

（2）违纪泄密的话不能说。

小至单位大至一个国家，在一定时期、一定范围内都有秘密，我们只能守口如瓶，不可泄露。有的人轻薄，无纪律性，就私下把机密悄悄传播出去了，弄得一传十，十传百，家喻户晓，有些心术不正的人如获至宝，拿去作为谋利的敲门砖，给单位乃至国家造成严重损失。

（3）不要与比你强大的人分享秘密。

你也许觉得你们可以分桃而食，但实际上你们只能分食削下的皮。许多人因为分享了别人的秘密而不得善终。他们就像面包皮做的汤匙，很快就与汤走向了同样的下场。

讲秘密会陷你于不利，而听秘密同样也不安全。许多人因为分享了别人的秘密而不得善终。听秘密也是落人把柄，尤其注意不要与比你强大的人分享秘密。秘密，听不得，讲不得。

做人秘语

谨慎是人生最好的护身符。

礼多人不怪：谦逊有"礼"好成功

多听老人言

俗话说："不听老人言，吃亏在眼前。"他们的话总是给我们很多的教益。

王军把父亲从乡下接来城里的那段日子，对父亲很是厌烦，不为别的，就为凡事不尽的啰嗦与唠叨。假如买件名牌服装、下顿馆子，他总说说拿血汗钱打漂漂，道是"成家子，粪为宝；败家子，钱如草"。便摆布他在乡下的境况是如何的"新三年旧三年，缝缝补补又三年"，再三告诫"丰年要当歉年过，有粮常想无粮时"。儿子打麻将说玩物丧志，上舞厅说不干正经活，送礼走门子不地道，办事端架子太可恶等等，话茬一个接一个，道理一套又一套，直把王军嘀咕得脸烧耳麻，心烦透了。

对于父亲的"老皇历"，王军实在心有抵触，常常只能以"都什么时代了"相抵挡，不欢而逃，久而久之与父亲有了一条难以融通的"代沟"。"我行我素"与"苦口婆心"尖锐对立的结果，便使得王军和父亲的关系一度紧张。

然而生活中的一件事，使王军终于对父亲开始信服甚至崇拜起来。单位评职称分下有限的指标，圈中人便立时拉开架式"杀机四伏"。王军自然也打算"当仁不让"，决心据实力争。不料父亲得知此事，好歹要王军让让，说勾心斗角万万使不得。父亲说："敬人如敬自，落人如落己。争啥呢？"王军不大以为然。这年头，人善被人欺，马善被人骑，不争是傻瓜。可是父亲死活扯着劝着，什么"让人一寸，得利一尺"，什么"一争两丑，一让两有"，这般硬磨软泡，王军也就锐气全无，只能顺其自然了。却不料到头来争得硝烟弥漫的人却两败俱伤，指标最终落在了王军的头上。

这的确是一次不小的震动，使得王军重新看待和审视父亲平日的诸多责备。

想一想，哪一句不是真话不是善言呢？做儿女的，我们往往操持着时代的骄矜，拒绝接受父母前辈施以的传统文化，以为一句"时代不同了"，便可有足够的理由去信马由缰地折腾，实在是青年一代的认识误区，也是划开两代人之间鸿沟的主要因素。这一次猛然醒悟之后，王军不仅不再厌烦父亲的"啰嗦唠叨"，甚至有时主动讨求某些策略，王军和父亲的关系也意外地融洽起来。

理智地想一想，前辈对事物的认识，何尝不是他们数十年生活经验的总结，他们的处世哲学又何尝不是风雨生活的直接结晶呢？所以他们的话，不管你爱听不爱听，大都堪称金玉良言，甚至是真理。纵然时代变了，但生活的本质不会变，比如人类对真善美的追求、对正义的向往、对勤俭的褒扬、对忠实的崇尚等等，这些永远是人类生活的主旋律；变来变去的，只不过是生活的形式，而恰恰是在形式的变更中，我们沾染了许多的浮躁与骄奢、玩世不恭与得过且过。而这一点，老人的观察或许更为真实又接近本质，能对我们给予及时提醒，实在是益莫大焉。

俗言道："不听老人言，吃亏在眼前。"生活中有多少"吃不穷，喝不穷，算计不到一世穷"的人，常常不是"上半月吃肉下半月喝粥"吗？诸如"害人如害己"、"贪心可坠命"之类的事例更要不胜枚举。因此，常听老人言，或许算得上人生的一大益事，他能使你剔除不必要的弯路与歧途，何乐而不为呢。常听老人言，应当成为我们所推崇的德行，因为，不仅是我们修正自身的良好参照与契机，更是我们理解前辈的孜孜苦心——在"代沟"之上架起一座心桥的可靠基础。

做人秘语

常常聆听老人的教诲，既是在"代沟"上架起了一座桥，更可丰富自己的人生阅历。

不独享荣耀

有"心计"的人，不会独享荣耀，因为自己的荣耀会令别人变得暗淡，甚至令人产生一种不安全感，而你的感谢、分享、谦卑，却能让他们吃下一颗定心丸。

有位业务主管这一年的业绩尤为突出，年底时，老板在表彰会上特别表扬了他，并在颁发奖金外，额外还给了他一个红包，并请他谈谈心里的感受。

他面对公司所有人说起了自己这一年来如何兢兢业业，如何积累知识，如何提高能力等等，可就是没有提及一句感谢上司对他的信任和重用，还有同事及其下属对他的帮助和合作之类的话。大会一结束，他便一溜烟地跑了，也没有邀请同事们庆祝一下。

虽然，表面上大家都没有说什么，但从此他的上司就开始了有意的刁难，同事们也开始了有意的疏远，下属们也变得懒散，以至经常顶撞他。一段时间后，他曾经挂在脸上的春风得意笑容消失了，逐渐变成了孤家寡人。

其实这位主管造成最后这种局面的根源还是在于自己。谁让他忽略了别人的感受呢？其实每个人都认为别人的成功总有自己功劳和苦劳的一份，而这个业务主管却傻乎乎地独自抱着荣耀不放，别人当然不会为他如此自私的做法而感到舒服了。

公元前478年，斯巴达派遣年轻的贵族卡阿尼斯率领远征军讨伐波斯。希腊城邦刚刚击退来自波斯的侵略，卡阿尼斯和其他三名斯巴达信任的贵族，乘胜追击去惩罚侵略者。

卡阿尼斯与同伴浴血奋战，很快就夺回了波斯占领的地方，胜利而归的卡阿尼斯等人受到了人们的热烈欢迎，尤其是勇气可嘉的卡阿尼斯更是赢得了雅典人民和斯巴达的敬重。

然而，在庆功宴会上，卡阿尼斯却独揽了风光，接受着最高的荣耀和赞赏，把其他贵族冷落到了一旁。于是极其妒忌并对其极为不满的贵族们经过密谋，商量出一个对策。

不久就有传言称，卡阿尼斯与波斯相互勾结企图摧毁斯巴达。当局立即下令拘捕卡阿尼斯，他不得不仓皇而逃，这位昔日的英雄最终被愤怒的人们烧死在荒野外的一个茅屋中。

所以，当你的工作和事业有了成就时，千万记得不要独自享受。

独享荣耀是一个典型的容易激起他人心中不满并心生恨意的最主要原因。当大家都为一个目标在努力奋斗，不料让你抢先得到了这个惹人眼红的功劳，于是相比之下其他人就明显比你矮了很多，你的存在也不时地给他人造成了威胁，尽管你并未做任何伤害他人的事，但又有谁还愿意跟一个没有安全感的人在一块儿呢？自然而然的，独自享有荣耀，还心安理得地把高帽子往自己头上戴的人终究是会成为孤家寡人的，更何谈招人喜欢，受人欢迎呢？

"居功"的确可以凝聚别人羡慕的目光，可以有很大的成就感，但如果你只想把功劳一个人占尽，企图让光环仅围绕自己一个人转，那就是自私而愚蠢了。独自贪功就是抢别人的好，这不仅不会给自己带来更多的好处，甚至还会引火烧身，使自己的前途受阻。

有"心计"的人在取得成功时一定会记得感谢。为什么那些名人接受采访的时候，总要感谢一堆人，家人、老师、同学、朋友、领导、工作人员，甚至对手……你不要认为这是华而不实的形式，不值得效仿，这恰恰是你必须做的事。记得感谢同事的协助，尤其是要感谢上司和地位高的人，感谢他们对你精心的提拔和栽培。这绝对不是谄媚逢迎，而是可以消除别人对你的嫉妒，每个人都希望自己与荣誉和成功联系在一起，你的感谢会让他人反过来感谢你注意到了他自己。如果你感谢的是下属，你得到的将更多，他们会更加卖力地为你工作。

口头上的感谢也是一种分享，这种分享可以无穷地扩大范围，反正礼多人不怪！因为你的主动分享能让别人有受尊重的感受。如果你的荣耀事实上是众人协力完成，那么你就更不应该忘记这一点。实质上的分享有多种方式，小的荣耀请人吃糖，大的荣耀请客吃饭，那么对方自然不会和你作对，反而会更加尊重你了。

做人秘语

当你做出成就时，千万别独享荣耀，要懂得与别人分享。否则，这份荣耀会为你带来人际关系上的危机。

谦让可以化解矛盾

谦让会让你赢得他人的尊重，提高你在他们心中的地位。

汉文帝是汉高祖的庶子，被封为代王。他为人仁慈宽厚，当残暴篡权的吕后死后，朝中拥戴文帝继位。

一天，汉文帝升殿，发现丞相陈平没上朝，他问道："丞相陈平为何不来？"

站在下面的太尉周勃站出来说道："丞相陈平正在生病，体力不支，不能叩见皇上，请皇上原谅。"汉文帝心里纳闷，昨日还见他身体好好的，怎么今天就病了？不过他不动声色，只是说："好，知道了，退下。"

退朝后，汉文帝想派人去请陈平，但又一想，陈平是开国老臣，自己应当把他当作父亲一样对待。于是文帝便到后宫换上平日穿的家常便服，到陈平家去探视。

陈平在家躺着看书，见汉文帝来慌忙起身行礼。汉文帝急忙把他扶起，说："不敢，朕视卿为父亲，以后除了在朝廷上，其他场合一律免除君臣之礼。"汉文帝扫视一下屋里的陈设，又说："今天听太尉说您病了，特地前来探望，不知是否请过御医诊视？你年岁大了，有病可不要耽搁呀！"

文帝如此关怀，使陈平非常感动。他觉得不能再隐瞒下去了，对文帝讲了心里话："皇上太仁慈了，可我对不起皇上的一片爱臣之心，我犯了欺君之罪呀！"并借此机会欲把相位让给周勃的想法说了出来。汉文帝问："为什么？"

陈平就把他让相的理由说出来了。吕后死后，诸吕结党，欲谋叛乱，丞相陈平与太尉周勃，共商大计，终于灭掉诸吕夺取政权。陈平认为新帝继位，应记功晋爵。周勃消灭吕氏集团，功劳比自己大，自己应该把丞相的位子让给周勃。

陈平把这一切都对文帝说清之后，又诚恳地说："高祖在时，周勃的功劳不如我；诛灭诸吕时，我的功劳不如太尉。所以我愿意把相位让给他，请皇上恩准。"

文帝本来不知消灭诸吕的细节，他是在诸吕倒台后，才被陈平和周勃接到长安的。听了陈平的解释，才知周勃立下了大功，便同意了陈平的请求，任命周勃为右丞相，位居第一，任陈平为左丞相，位居第二。

一天上朝时，文帝问右丞相周勃："现在一天的时间里，全国被判刑的有多少人？周勃说不知道。文帝又问："全国一年的钱粮有多少，收入有多少？支出有多少？"周勃还是回答不上来，感到惭愧至极，无地自容。

文帝看周勃答不出来，就问左丞相陈平："陈丞相，那你说呢？"陈平不慌不忙地回答说："您要想了解这些情况，我可以给您找来掌管这些事的人。"

文帝问："那么谁负责管理这些事呢？"陈平回答："陛下要问被判刑的人数，我可以去找廷尉，要问钱粮的出入，我可以找治粟内史，他们会告诉您详细的数字。"

文帝有些不高兴，脸色沉下来说道："既然什么事都各有主管，那么丞相应该管什么呢？"

陈平毫不犹豫地回答："每个人的能力是有限的，不能事无巨细，每事躬亲。丞相的职责，上能辅佐皇帝，下能调理万事，对外能镇抚四夷、诸侯，对内能安定百姓。丞相还要管理大臣，使每个大臣能尽到自己的责任。"陈平回答得有条不紊，文帝听了觉得有道理，连连点头，露出满意的笑容。

站在一旁的周勃如释重负，十分佩服陈平能言善辩，辅政有方，深感自己是个武夫，才干在陈平之下。他想，自己虽说平定诸吕有功，但是辅佐皇帝、处理国政方面的才能比起陈平差远了，为了国家百姓着想，还是应该让陈平做丞相。于是周勃也假称有病，向文帝提出辞呈。

汉文帝非常理解周勃的心情，批准周勃的辞呈，任命陈平为丞相（不再设左丞相）。陈平辅佐文帝，励精图治，促成了汉朝中兴。

陈平和周勃两位老臣，都是汉朝开国元老，却"虚己盈人"，互让相位。他们这种不谋私利、为国家社稷着想、谦虚相让的精神，很值得今人学习。

做人秘语

有"心计"的人一定懂得谦让，他们知道这也许会换来另外的成功资本。

不要太在意赞许

愈是喜欢受人夸奖的人，愈是没有本领的人。有"心计"者不会盲目在意别人的赞许。

很多人都知道赫尔墨斯，他是古希腊神话中天神宙斯的儿子，是主管商业之神，他想考证一下自己在人间百姓中的地位到底有多高。

有一天，他化装成一位顾客来到雕像店。他指着宙斯的头像，问雕像者："这个值多少钱?""七赫拉。"他又走到自己的雕像前，心想自己是商业的庇护者，地位一定比宙斯高，便问："这个值多少钱?"雕像者指着宙斯的像说："假若你买那个，这个算添头，白送。"赫尔墨斯本想听听雕像者对自己的赞赏，抬高自己的身份，谁知讨了个没趣，只得灰溜溜地走了。

如果像赫尔墨斯一样刻意去寻找自己虚拟的"光环"，便会落入自恋型性格障碍的误区。

世俗和传统使人养成一种说话和办事总是需要得到别人的赞许和认可的习惯。

欧洲有一著名格言说："愈是喜欢受人夸奖的人，愈是没有本领的人。"反之，我们也可以说："愈是有本领的人，愈是不需要别人的夸奖。"

人从出生落地到离开人世，往往喜欢把个人的快乐、幸福和价值建立在别人认可的基础上。好像别人说你行，你就觉得自己行；别人说你不行，你也就觉得自己不行。在受到别人赞扬时，我们都会感到快乐，感到自己有价值。所以，我们每个人都希望听到赞扬，得到鼓励，博得掌声。这种精神享受确实有益于我们开发潜能、提高素质，有益于认识自我价值，树立自信意识。

一旦寻求赞许成为一种需要，做到实事求是几乎就不可能了。如果你感到非要受到夸奖不行，并常常做出这种表示，那就没人会与你坦诚相见。同样，你也不能明确地阐述自己在生活中的思想与感觉。你会为迎合他人的观点而放弃你的自我价值。以别人的看法和评价来确立你的自我形象和价值。这就好像把房子盖在流沙上，是靠不住的。如果你依赖他人来评定证实你的价值，究其根底，那只是他人的价值，而不是你的价值。所以，自我价值不能由他人来评定和证实。

做人秘语

我们应该根据自己的判断做认为正确的事情，而不能让别人的看法束缚住自己，妨碍了主观能动性的发挥。

留下良好的第一印象

有"心计"的人，一定十分重视"第一印象"。第一印象有一个显著的特征，就是具有不易改变性，一旦形成就影响到别人以后对你的看法。

《三国演义》中，庞统就曾因为留给孙权和刘备的印象不好，而长期不受重用。

周瑜死后，鲁肃把庞统举荐给孙权，孙权看这个人长得"浓眉掀鼻，黑面短髯，形容古怪"，心中就很不喜欢。于是，孙权便问他："你所学的东西主要是什么呢？"庞统回答说："不必拘谨，随机应变。"孙权又问他："你的才学比起周公瑾来怎么样？"庞统则笑着说："我所学的东西与他大不相同。"孙权生平最喜欢周瑜，见庞统对其有轻视之意，心里又是老大的不痛快，便对庞统说："你先退下吧，等用得着你的时候再来相请。"庞统长叹而去。

在现代社会，这种事情也在同样发生着，不少初涉工作岗位的年轻人也为此付出了不小的代价。

小秦头一天到一家广告装潢公司报到，对经理说的第一句话便是要求专业对口，而且要"充分注意到我的特长"。她很坦率地要求让她到广告设计部门去工作，认为可以最大限度地发挥自己的优势。

小秦是大学美术系的高才生，很有艺术才华，但她的这种自视过高的态度却让经理感到不快，一方面为了挫一挫她的傲气，另一方面也是为了让她熟悉一下公司的运营情况，经理决定让她先到策划部门实习，然后再根据情况决定。

小秦为此很不开心，认为领导不识真才，有意为难自己，到了策划部门既不安心工作，又不虚心学习，结果给人留下了很不好的印象。

最后，小秦感到失意和愤愤不平之余，只好辞职另找出路。

在初次走入新环境时，一定要表现出谦虚的态度，这种谦虚的态度会给别人留下非常好的"第一印象"。在别人看来，谦虚就是对别人的尊重，谦虚的人是明智而值得培养的人。

如何才能给别人留下良好的第一印象呢？你不妨试着从下面几个方面去做：

（1）衣着整洁得体。

俗话说得好：人在衣裳马在鞍。穿着打扮对树立一个人的良好形象起着十分重要的作用。在很大程度上，它能展示出一个人的思想、品德、气质、风度等，是人的心灵的外在表现。

所以，第一次与别人见面，一定要注意服饰打扮的整洁、得体、庄重，应事先学习一点儿有关美容、仪表方面的知识，以便在视觉方面能给你的领导和同事留下一个美好的第一印象。

（2）讲究礼貌。

讲话要有礼貌，这是人类文明的常识，与别人初次见面，你的语言修养水平将决定着他对你的第一印象，使他对你的精神面貌有一个最初的判断。请不要吝惜使用"您"、"请"、"谢谢"这些基本的礼貌词汇，它们会像润物无声的春雨沁入别人的心田。

（3）表示尊敬。

表示尊敬，也是一个能给别人留下良好"第一印象"的方法。没有人会对别人真诚而善意地尊敬自己的行为表示反感。在第一次见面时，就表示你的敬意，会密切你和别人的感情，使别人感到高兴。

（4）妙用体语。

表情、举止自然随意，不过分拘谨，会使你显得自信、干练、见过世面，这会增强别人对你的信心。面带微笑，会使你显得乐观、积极，热情开朗，有一个好人缘。应避免跷二郎腿、双目游移、表情木然、身体僵硬等不良举止，这些都会给别人留下一个不好的印象。

做人秘语

把"第一印象"比喻为送给别人的一副"有色眼镜"是毫不过分的，那么，如何使这副"有色眼镜"变得有利于你就是十分关键的了。

客套的作用不容忽视

客套是暖人的，能加深双方的了解，建立亲密关系，增加友谊。

日本松下电器公司的松下幸之助是个很讲客套，很会用客套的人。他在交代下属去执行某一件事时，会说："这件事拜托你了。"遇到员工时，他会鞠躬并说"谢谢你"、"辛苦了"之类的客套话，有时会亲自给员工斟一杯茶，或者送给员工一件小礼物。松下就是善用这种客套来激励员工为公司毫无怨言地效力做事。

客套要自然、真诚，言必由衷，富有艺术性。广州某大酒店的一位门厅服务员就是这么做的：

著名美籍华裔音乐家朱先生第一次到达该酒店，这位服务员向他微笑致意："您好！欢迎您光临我们酒店。"第二次来店，这位服务员认出他来，边行礼边说："朱先生，欢迎您再次到来，我们经理有安排，请上二楼。"随即陪同朱先生上了楼。时隔数日，当朱先生第三次踏入酒店时，那位服务员脱口而出："欢迎您又一次光临。"朱先生十分高兴地称赞这位服务员："不呆板，不机械。"

这位服务员应受如此表扬。他并非学舌鹦鹉，见客只会一句

"欢迎光临"，而能根据交际情境的变化运用不同的客套，表现出他对工作的热爱和谈话的艺术。

在生活中，我们经常听到诸如"谢谢您""多谢关照""劳驾""拜托"之类的客套话。这样的客套话可以向别人表示感谢，能沟通人与人之间的情感，建立融洽的人际关系。在求人办事以后，应真诚地说一声"谢谢"。如果你不说一声"谢谢"，只把感激之情埋在心底，对方会有一种不快的感觉，他的劳动也没有得到肯定，或认为你不懂礼貌，今后也不会再帮助你。同样，在打搅别人，给别人添麻烦时能真诚地说一声"对不起"，对方的气就会削减一半。

在人际交往、求人办事时，客套的作用不容低估。请人办事，说一声"劳驾"；送客临别，讲一句"慢走"，能显示出你礼貌周到，谈吐文雅。擅长外交的人们，像精通交通规则一样熟谙客套，正如培根所说，得体的客套同美好的仪容一样，是永远的自荐书。

很多时候，客套能表示尊重对方，表示礼节和谦虚，比如有人作报告或讲话，总是借助这样的客套话："我水平不高，研究不够，恐怕讲不好。"或者说："我讲得不好，请大家批评指正。"诸如此类的客套话，表面上看是随口而出，是习惯用语，实际上起着表达讲话者谦恭愿望的作用。

彼此之间的关系因为客套而发生变化，彼此之间的心理距离缩短了，感情就有了呼应和共鸣。

客套当然不一定都在语言上，一个眼神、一个手势，或者点一下头，微笑一下，或给对方送些小礼物，凡此种种，都属于客套的范畴。可以说，客套是一个比较宽泛的概念，客套是一种礼节，如果客套运用得好，会收到意想不到的效果。

做人秘语

客套不是虚伪、庸俗和毫无意义的东西，客套话是社交车轮的润滑油，能减少"摩擦"和"噪音"。

用微笑面对每一个人

所有人都希望别人用微笑去迎接他，而不是横眉竖眼，否则会阻碍心灵的沟通和思想的交流。

美国的联合航空公司有一个世界记录，那就是在 1977 年载运了数量最多的旅客，总人数是 5566782 人。

联合航空公司宣称，他们的天空是一个友善的天空、微笑的天空。的确如此，他们的微笑不仅仅在天上，而且从地面便已开始了。

有一位叫珍妮的小姐去参加联合航空公司的招聘，当然她没有关系，也没有先去打点，完全是凭着自己的本领去争取。最后她被聘取了，你知道原因是什么吗？那就是因为珍妮小姐脸上总带着微笑。

令珍妮惊讶的是，面试的时候，主试者在讲话时总是故意把身体转过去背着她，你不要误会这位主试者不懂礼貌，而是他在体会珍妮的微笑，因为珍妮应聘的职位是通过电话工作的，是有关预约、取消、更换或确定飞机航行班次的事情。

那位主试者微笑着对珍妮说："小姐，你被录取了，你最大的资本是你脸上的微笑，你要在将来的工作中充分运用它，让每一位顾客都能从电话中体会你的微笑。"

虽然可能没有太多的人会看见她的微笑，但他们通过电话，可以知道珍妮的微笑一直伴随着他们。

"这苹果这么烂，一斤也要卖 2 美元吗？"客人拿着一个苹果左看右看。

"我这苹果是很不错的，不然你去别家比较比较。"

客人说："一斤 1.5 美元吧，不然我不买。"

小贩还是微笑地说："先生，我一斤卖你 1.5 美元，对刚刚向我买的人怎么交代呢？"

"可是，你的苹果这么烂。"

"不会的，如果是很完美的，可能一斤就要卖 4 美元了。"小贩依然微笑着。

不论客人的态度如何，小贩依然面带微笑，而且笑得像第一次那样亲切。

客人虽然嫌东嫌西，最后还是以一斤 2 美元买了。

有人问小贩何以能始终面带笑容，小贩笑着说："只有想买货的人才会指出货如何不好。"

卡耐基说过："笑是人类的特权。"微笑是人的宝贵财富；微笑是自信的标志，也是礼貌的象征。人们往往依据你的微笑来获取对你的印象，从而决定对你所要办的事儿的态度。只要人人都献出一份微笑，办事儿将不再感到为难，人与人之间的沟通将变得十分容易。

微笑是吸引他人的"磁石"。社交中，人们总是喜欢和个性开朗、面带微笑的对象交往，而对那些个性孤僻、表情冷漠之人，则总是避而远之。一个优秀的电视节目主持人、公关小姐、售货员、政工干部，他们深受人们喜欢的奥秘，就是他们具有动人的微笑。

微笑是深化感情的"催化剂"。有人说，微笑是爱情的"催化剂"，是家庭的"内心力"，是人际交往的"润滑剂"；微笑能给人以美的享受；微笑又是向他人发出的宽容、理解和友爱的信号，面对这样的表示，又有谁会拒绝呢？

请你记住做人的微笑之道：你的笑容就是你最好的信差。你的笑容能照亮所有看到它的人。对那些整天都皱眉头、愁容满面、视若无睹的人来说，你的笑容就像穿过乌云的太阳。尤其对那些受到上司、客户、老师、父母或子女的压力的人，一个笑容能帮助他们了解一切都是有希望的，也就是有欢乐的。你这样做了，证明你是一个善于关心人、胸襟开阔的人。也只有这样你才能赢得人心。

做人秘语

有"心计"的人会用微笑去面对每一个人，使自己成为最受欢迎的人。

能屈能伸，"忍"字当先：
做人一定要学会低头

不被闲话所左右

郑板桥有首著名的七律："咬定青山不放松，立根原在破岩中，千磨万击还坚韧，任尔东西南北风。"做人如果能达到这种宁静淡泊的心境，相信闲话也会望而却步。

刚过而立之年的朱老师被评上了教授。立刻，关于他的闲话像野火一般，迅猛地燃烧到校园的各个角落，有的人说他走过后门，有的人说他太年轻，还够不上教授的资格。

朱老师听了这些闲话，丝毫没有激动，只淡淡地一笑，朋友们替朱老师打抱不平，问他为什么不站出来反驳。朱老师说："人人都有说话的权利，可我也有不听的权利。"

渐渐地，闲话在朱老师的沉默中销声匿迹了。

某公司杨小姐有着靓丽的外表，且能力超常，她很快被提升为部门经理。其他职员说她是因为长得漂亮才有如此好的机遇，甚至于有人说她和老板关系暧昧。

杨小姐的男朋友听到了这些流言蜚语后便开始在心里犯嘀咕，继而疏远她。杨小姐委屈地问男朋友说，"你为什么相信别人而不相信我说的呢？"男朋友说："无风不起浪嘛。"

杨小姐气愤地和男朋友分了手。她怎么想也气不过，便和说闲话的同事们针锋相对，但闲话并没有因为她的辩解而消失，说闲话的人反而变本加厉，说她恼羞成怒是做贼心虚的表现。

杨小姐最终心力交瘁，不得不辞去工作。

闲话左右了杨小姐，并让她为之付出了巨大的代价。

只要有人在的地方，就会有闲话。有人听了闲话，转身就忘得干干净净，而有些人却把闲话留在脑子里，还不时地回忆。

人在生活中必然会遇到各种各样的无端议论，这是无法避免的事情，不必理睬这些议论者，你不是为别人而活，也无须惧怕那些闲话，你不为闲话所左右，闲话对你来说也就毫无意义了。

闲话也许就像一道算术题，要得到圆满的答案，就看你怎么演算了。演算得体，会带来前进的动力；演算不当，则会陷入痛苦的泥潭。

俗话说："谁人背后无人说，哪个人前不说人。"如果斤斤计较那还有个完？让我们宽容地接受一切，持"任凭风浪起，稳坐钓鱼船"的态度，静看闲话自生自灭吧！

做人秘语

你无力控制所有人的言语，保持一种温和平静的心态，比斤斤计较更有益。

把批评当镜子

唯有傻瓜才会在被人批评时，不管对不对一味自圆其说。不把批评当镜子，只能导致一错再错，断送自己的前路。

有一位很年轻的工程估价部主任，专为本公司估算各项工程所需的价款。

有一天，他的一项估算，被一个核算员发现估错了 5 万元，老板便把他找来，找出他算错的地方，请他拿回去更正。

但那个年轻人不但不肯认错，反而大发雷霆。他说："那个核算员没有权利复核我的估算，更没有权利越级报告。"

老板问他说："那么你的错误已是确定了，是不是？"

他回答说："是的。"

于是老板再问他："是不是为了你个人的面子，那位核算员就应不顾公司的巨大损失，隐秘而不把它揭发出来呢？"他的回答还是"是的"。老板看他这样固执己见，原想发作一番，但因念他平日工作成绩不错，便仍温文和蔼地对他说："如果你希望将来有所成就，这种不良的习惯非加以好好改变不可。"

一年以后，那个年轻人又有一个估算项目，被他的上司查出错误，拿来向老板报告，这次他又错了 5 万元。

老板把那个年轻人唤来询问，谁知他一听老板说他有了错误，便立刻勃然变色，反驳老板说："好了，好了，不用啰嗦了。我知道你还因去年那件事而怀恨于我，现在特地请了专家检查我的错误，借机报复。可是我想你一定计不得逞，这次我的估算不会有错，错的一定是你和那个混蛋的专家。"

老板等他发作完了，便冷冷地说："很好，既然如此，你不妨自己去请别的专家来帮你核算一下，看看你究竟算错了没有。"他果然去请别的专家们核算了一下，发现自己确实算错了。这才回来对老板说，他确定是错了。"可是现在我只好请你另谋高就了，"老板说，"我们不能让一位永远不许人家纠正他错处的人，来损害我们公司的利益。"

可见，一个人如果自傲自大，对于人家的指责总是一味否认，是不可能有任何进步的，到头来还是自讨苦吃。

每一个人，无论是凡夫走卒还是英雄豪杰，总有遭人批评与不满的时候。事实上愈是成功的人，受到的批评与不满就愈多。只有那些什么都不做的人，才能免除这些恼人的批评。

但只要你能以积极的心态面对它，遭人批评与不满其实就不是大不了的问题了。丘吉尔在他的办公室墙上，悬挂着一幅林肯隽永的箴言："如果我是正确的，我当竭尽所能勇往直前。反之，如果我是错的，就算天使信誓旦旦地说我是对的也无济于事。"他以此来警戒自己要以正确的态度来面对批评。

做人秘语

以批评为镜，可以知得失。

忍让要有度

做人处世要忍，但忍让要有度，一味忍气吞声，逆来顺受，是胆小怯懦的表现。在原则问题和大是大非面前且不可缩手缩脚。要有所忍，有所不忍。

洛克是国家图书馆的职员，由于自己是从加州应聘来的，在工作中他处处小心、事事谨慎。对每位同事都毕恭毕敬，偶尔与同事发生点小摩擦，他从不据理力争，总是默默地走开。逐渐大家都认为他太老实，太窝囊。于是，都不把他当回事，在许多事情上总是他吃亏。

想起两年来同事们对他的态度，尤其在奖金分配上自己老是吃亏这些事，洛克心里很觉委屈。残酷的现实使他不得不对自己的为人处世进行反思了。

他决心改变自己。

一次，同一组的一位同事擅离职守丢失了两本书。这位同事嫁祸于洛克，说是他代自己值的班。主管在会上通报这件事时，洛克马上站了起来，说道："主管，今天的事你可以调查，查一查值班表。今天根本就不是我的班，怎么能说我不负责任。主管，有人是别有用心想让我替他顶罪。在这里，我顺便告诉大家，我不是软蛋。大家在一起共事也是有缘，我实在是不想和同事们争来争去。以后，谁要再像以前那样待我，对不起，我就不客气了。"

从此以后，洛克发现同事们对他的态度有了明显的转变。他也抬头挺胸起来，不再扮演被人欺负的老实人的角色了。

一个人如果老是受别人的欺负、刁难，往往是因为自己软弱或办事能力较差。相信你肯定也不愿意别人骑在你的头上而且认为你没有工作能力，因此，一定要改变这样状况。要改变被人欺负的现状，必须要态度强硬起来，腰杆挺直起来，把自己变得像钢、像铁，与欺负你的人相抗争，除此之外还要提高自己的办事能力。这样，原来欺负你的人就会有所收敛。

掌握忍让的度，乃是一种人生的艺术和智慧，也是"忍"的关键。这里，很难说有什么通用的尺度和准则，更多的是随着所忍之人、所忍之事、所忍之时空的不同而变化。它要求有一种对具体环境、具体情况做出具体分析的能力。一味地、毫无界限的"忍"不能算是真正强者的"忍"，它只是一种懦弱和无能的表现，甚至可以说是一种愚蠢。在中国几千年的封建社会中，一些维护封建专制的没落文化总是告诫人们要"忍"，以此来尽忠、报恩等等。这便是一种不讲界限的"忍"，一种愚"忍"。

忍耐要有限度，一般可以从以下三方面来衡量：

（1）事不过三。

所谓"事不过三"，说的是人们对同一对象的"忍"，可以是一次、两次，但绝不可一退再让。忍让到一定份上，必须有所表示，使对方真正认识到自己的退让不是一种害怕和无能，而只是出于一种"忍"，并且这种"忍"是有限度的。在日常生活中，经常有一些这样不识好歹的人，他们为所欲为，得寸进尺，把同事及其他人的忍让当成是好欺负，可以占便宜，因此一而再、再而三地步步紧逼。对待这种人，在经过几次忍让之后，看清了其真面目，则不应再忍让下去，可以适当地给对方一点颜色看看，并通过正当的方式勇敢地捍卫自己的权利。这样，使对方认识到自己的不是。当然，这种晓之以利害的方式和手段可以是多种多样的，但目的都是一个，就是让对方了解自己真正的态度。

（2）转化原则。

所谓"转化原则"，指的是在生活和工作中，有些事情随着自己本身的发展，或者是外部条件的变化会不断地转化，从一种性质变为另一种性质，而这种转化也是我们掌握忍之度的重要参照原则。

有些人在侵犯别人的某种利益和权限之后，由于对方采取了"忍"的态度，使之得逞。可是，这种人在得逞之后，发现了新的目标、新的利益，从而刺激了其利欲，以至于使原来的行为变得更加令人难以接受。这时，作为当事人，便不能自然保持一种"忍"的态度，而必须随着事物性质的变化而毅然决然地予以反击和抵抗。

（3）忍无可忍便无须再忍。

这里的"忍无可忍"，说的是，有时尽管在同一事件中，人们起初还比较客气，谦逊地做出一些必要的忍让，但由于对方实在是过于无礼，而且行为方式和欲望令人发指，实在是难以接受。在这种情况下，便可以算得上是一种"忍无可忍"了。此时此刻，便不应再行"忍"下去，而可以有所表示。忍是有界限的，在界限中"忍"是强大的、有力的，在这个界限之外的"忍"便是软弱的、无力的。只有掌握了这个界限，才算得上是真正的"忍"。

做人秘语

一方面我们要谨记："小不忍则乱大谋"；另一方面，在"忍无可忍"的情况下，不要再一味迁就别人，"该出手时就出手"。

运筹决胜，果断出击

从目标出发，紧抓重点

能专注于所拟定的目标的人有两个共同特征：一是明确知道自己事业的目标；二是不断地朝着所拟定的目标前进。目标的意义不仅仅是目标本身，它更是我们行动的依据。当我们确立了一个目标，就要不屈不挠地集中精力实现这个目标。明确的目标可以产生巨大的动力，巨大的动力导致正确有效的行动，正确有效的行动必然会成就你的事业。目标明确与否，这是成功人士与失败者之间的差别所在。

世界很大，事情很多。每一天都会在我们的生活里上演各种各样的事情，矛盾激烈的、相处融合的，应有尽有，让人眼花缭乱。面对这样的纷繁芜杂，就需要我们理清事情的脉络，抓住事情的重点。从目标出发，紧抓重点，其他事情就好办。如果不分析事情的前因后果，一股脑地扎进去，就像双脚被水草捆住一样，越挣扎就捆得越紧。

有一位表演大师上场前，他的弟子告诉他鞋带松了。大师点头致谢，蹲下来仔细系好。等到弟子转身后，又蹲下来将鞋带解松。

有个旁观者看到了这一切，不解地问："大师，您为什么又要将鞋带解松呢？"大师回答道："因为我饰演的是一位劳累的旅者，长途跋涉让他的鞋带松开，可以通过这个细节表现他的劳累憔悴。"

"那你为什么不直接告诉你的弟子呢？"

"他能细心地发现我的鞋带松了，并且热心地告诉我，我一定要保护他这种热情的积极性，及时地给他鼓励，至于为什么要将鞋带解开，将来会有更多的机会教他表演，可以下一次再说啊。"

能够这样悉心培育人才的例子不是太多。相反，在生活中，我们常见一些"捡了芝麻丢了西瓜"之类的事情，每每让人痛惜。所以在有所行动之时，我们一定要确定自己的目标，分清主流支流，别让次要的东西挡住了我们的慧眼。这也需要我们在日常做事、人际交往当中练就一双"火眼金睛"，以求得在最快的速度里分辨出来哪些事情是我们最先要解决的，而哪些事情的处理可以退居其次。

能专注于所拟定的目标的人有两个共同特征：一是明确知道自己事业的目标；二是不断地朝着所拟定的目标前进。目标的意义不仅仅是目标本身，它更是我们行动的依据。当我们确立了一个目标，就要不屈不挠地集中精力实现这个目标。明确的目标可以产生巨大的动力，巨大的动力导致正确有效的行动，正确有效的行动必然会成就你的事业。目标明确与否，这是成功人士与失败者之间的差别所在。

在明确了自己事业的目标之后，我们就要专注其中，不断地朝着这目标前进。爱默生说得很是迷人："一心向着自己目标前进的人，整个世界都会为他让路。"1999年比尔·盖茨在接受中央电视台专访时谈到，他作为微软公司的总裁，再也没有编写软件的时间了，但是无论有多忙，他每周总会抽出一两天去宁静的地方呆一呆。为什么呢？他说，面对繁重的工作和激烈竞争的IT市场，他作为管理者，不能把精力浪费在烦琐的小事上，他必须用专门的时间去思考，以做出具有战略意义的决策。有时是为了平静自己的情绪和心态，有时候是为了理清自己的思路。

要在这样纷繁多样的信息里理出头绪，我们首先要确定自己的目标，抓住事物的重点，抓住关键所在，从事物的关键点入手，先解决重点问题，进而再解决次要的事情。

　　普通人满足于受环境的支配，但成功人士却喜欢控制和改造生存、创业环境，创业者似乎都不能容忍复杂的事物，都具有使复杂变得简单的强大力量。比如，商场上的创业人士致力于改造市场或产品，使产品简单化，以符合市场的需要。他们都能从混乱和复杂的形势中找出简单明了的解决办法。他们懂得把创业的注意力集中到 20％的重点经营项目上来，采取倾斜性措施，确保重点突破，进而以重点带全面，取得企业整体经营的进步。

　　譬如，当企业面临众多机会时，如果不是有重点地选择，而是不放弃任何机会将资源分散投入，样样都抓，结果什么也抓不到。

　　日本山叶公司业务扩展的初期，品牌扩展都不脱离原有的专长。如吉他、喇叭、小提琴和电子琴的生产，都可以受惠于该公司原来所拥有的技术和工人的精巧手艺。一段时间，在全球各地，"山叶"成了一个享誉世界的品牌，几乎等于是乐器的代名词，在钢琴产、销、售方面，它更是独占鳌头。

　　但随后山叶公司决策者川上源一并不把公司定位在钢琴业，而是休闲产业，并大举借贷，涉足许多不熟悉的领域，如网球拍、电视机、录像机、音响设备、摩托车、滑雪车和游艇等。由于偏离本业开展过量的多元化经营，不明白公司立足的基础、优势是什么，过速扩张，其管理、技术、经验都跟不上，使公司几乎陷入不能自拔的泥坑。1990 年以后，山叶公司的利润出现下降的趋势，陷入了债务危机。幸而公司的领导者清醒过来，悬崖勒马，在继任社长上岛的带领下，山叶公司重新调整它的经营策略，仍然专注于乐器这项核心业务，从而使山叶公司走出困境，重新夺回失去的市场。

　　由此可见，分清事情的主次，不让一些无关紧要的事物混淆了我们的视线，不让一些不重要的项目干扰我们的心神，分散我们的资源，从而聚焦于事业真正的重点，才更容易走向成功。

　　有的人整天忙忙碌碌却不见有什么成绩，有的人并不怎么忙碌，却轻轻松松生活得有滋有味。同样是一天 24 小时，却有着不同的效率和质量，这其中做事能否抓重点是决定差异的一个重要因素。我们在工作和生活中面临着多种多样的问题，有时还会出现一些预料之外的事情让我们措手不及，置身于纷繁复杂事务中，有时真的会让人感到眼花缭乱，但这些事情又都与我们有关，必须处理。于是有的人就慌了手脚，对所有问题不分轻重地揽过来，他们只顾不停地做事，却少有梳理头绪的对付方法，最后不但没处理好事情，还使自己产生了厌倦情绪。而聪明的人不论处于多么复杂的环境中，他都会停下来审视一番，分出轻重缓急，先把那些最重要最紧急的事情做了，再做那些不重要不紧急的事情，甚至对某些没有意义的事情放弃，这样处理事情，效率自然高了很多，既节省时间又有成就、有收获。

当前正在建设学习型社会，社会对知识的尊重提到了前所未有的高度，于是学习知识，提升个人素质成了人们目前所面临的重要任务。学习是好事，但只注重学习数量不把握学习重点就不好了，有的人花大量宝贵的时间学习，他所涉及的内容包含了古今中外，天文地理、纳米、基因、克隆等，但这些知识只停留在表层，收效并不高。术业有专攻，专业是立身之本，学习的重点应是与所从事的专业相对应的知识，这方面的知识对提升个人能力最为有效，尽可以花大力气去钻研，而对其他领域的学习，能开阔一下视野与思路足矣。

在现实生活中，不论你是为你的老板打工也好，为你的企业运筹帷幄也罢，"从目标出发，一切从重点开始"，这个理念我们当牢牢遵守。

如果你是一位职员，那么你就应该懂得，你的老板更看中的是什么，老板在给你下达任务的时候你最应该先把哪一份工作完成，老板在表扬你的时候你最应该知道他想要的是什么。老板也不会因为你经常为办公室擦桌子，经常给同事倒水而加薪。

你也应当明白，同事之间的情谊固然重要，可是从公司事业方面考虑，你们之间到底是个人情感重要，还是公司的业绩更为重要？数字说明问题，业绩代替一切。因此，在你苦心经营你的办公室友情的时候千万不要忘了什么是最根本的，否则，当他人超过你的那天，当老板给以警告的时候，你才明白你做事的方向偏离主要轨道已经很远了。

假如你是一个老板，那么就应该懂得，在同他人合作的时候，是选择与这位常带笑脸的客户合作，还是选择和那位为人审慎、面带严肃的客户合作？……他们谁最重要？谁会对你的企业成长会有更大的推动力？如果你的员工犯了错误，你应该批评他哪一点，是说他和客户沟通不好，还是说他爱在办公桌上上网聊天？

做事箴言

从目标出发，紧抓重点，就是找准处理事情的主线，把握用力的作用点，提纲挈领，把复杂的事情简单化。坚持这个原则，会使我们的工作、生活和学习卓有成效。

赋以名位，授以实权

在适度授权的同时，还应赋以相应的地位和名誉。名不正则言不顺，即便被授以大权，也难以开展工作。譬如让一个人全权负责某一项目的开拓工作，却没有赋予其相应的职位，他怎么能很好地开展工作呢？对于取得一定功绩的人员，却没有授予一定的荣誉，如此，一来其部属不听安排，二来其人自己心头也难以真正平衡。没有相应的地位和名誉，想想自己又何苦来着？

天下熙熙，皆为利来；天下攘攘，皆为利往。名利二字，从来就和人紧密纠缠，牵扯不尽。人们致力事业，求取工作，也离不开名利二字。因此，领导者也要善于满足部属追名逐利的欲望，赋以名誉，授以实权，以此调动下属的积极性。

领导者的主要任务，就是管人治事。现代社会中，领导者大多具备突出的才干，不然也当不上领导。但是同为领导，业绩和成就却有较大的差异，其根本原因就在于管人艺术的高低——"善管人者，指挥若定，左右逢源，一呼百应"，被管的人也心甘情愿，心悦诚服。做事有了"人心"的基础，企业自然会蒸蒸日上，一帆风顺。而不善管人者，捉襟见肘，顾此失彼，焦头烂额，企业人心涣散，一盘散沙。二者的境况天差地别，实与权力和名誉的运用有着微妙的关系。

唐太宗经历过隋朝末年的动乱，鉴于隋朝倾覆的教训，他决定改革官制，坚持"官在得人，不在员多"的方针。唐太宗治理国家，善于提升真正有才德的人才，授之以实权，让他们各负其责，因此获得了贞观之治的成就，开创了大唐的良好局面。

比如房玄龄处理国事总是孜孜不倦，知道了就没有不办理的，于是唐太宗任用房玄龄为中书令。中书令的职责是掌管国家的军令、政令，阐明帝事，调和天人。入宫禀告皇帝，出宫侍奉皇帝，管理万邦，处理百事，辅佐天子而执掌大政，这正适合房玄龄"孜孜不倦"的特性。

大臣魏徵常把谏诤之事放在心中，耻于国君赶不上尧舜，于是唐太宗任用魏徵为谏议大夫。谏议大夫是个很特殊的职位，职责是专门向皇帝提出意见，既无尺寸之柄，但又权力很大，其重要性完全取决于谏议大夫是否勇敢、是否善于劝谏，其意见皇帝是听还是不听。众所周知，魏徵为人忠诚、耿直、不畏权威，但由于宫廷内部的权力斗争，原本并不为李世民所用，而且还有不小的过节，但李世民即位以后不计前嫌，而破格提拔魏徵为谏议大夫。魏徵果然不负厚望，大胆犯颜直谏，指出唐太宗施政的得失，纠正了其许多过错。

既然唐太宗善于在不同的位置上安排适当的人才，所以大家都能做到兢兢业业，为国效忠。而每当有什么事情需要朝臣开会商议时，前来参加大会的人对他都非常尊重，只要他一发言，大家都异常虔诚地洗耳恭听。看到大家非常投入，唐太宗显得兴致勃勃。有一次，他问大家："你们说，隋文帝这个皇帝怎么样？"

一位非常熟悉中国文化的日本学者说："隋文帝勤勉治国，批阅全国的书表奏章，往往从黎明直到日落西山。隋文帝召集大臣们进宫议事，常常忘记时间，到吃饭的时候还没有完，就命令侍从把饭送上来，边吃边议事。"

唐太宗开怀大笑，爽朗地说："你们只知其一，不知其二。隋文帝总怕大臣对他不忠心，大权小权一人独揽，什么事都由他一个人做主，不肯交给下属去办。他虽很辛苦，事情不一定办得好。大臣们摸透了他这个脾气，都不敢直言，常常是顺着他的心思说话，口惠而实不至，我可不敢像隋文帝那样。天下各种事情，都由皇帝一个人来决定，那怎么能行呢？如果皇帝一天处理十桩事，就说五桩事处理得尽善尽美，另外五桩处理得不好，一天出五条差错，日积月累，年复一年，谬误积起来，岂不是要毁坏国家吗？相反，把事情交给有才能的人办，自己高瞻远瞩，专事考核官员的功过，于国于己不更好吗？"

唐太宗的用人实践及用人理论给为我们呈现了适度授权的意义，这些道理在我们现代社会对人的管理中同样可以借鉴。领导者的主要工作是什么？那就是领导，是引导，懂得从战略高度将组织的总目标分成若干个子目标，然后授权予适合的人去实施。领导者应尽可能地授权，把你不想做的事，把他人能比你做得更好的事，把你没有时间去做的事，果敢地托付给下属去做，尽人之才，尽人之智。只有这样，你才能不被琐碎事务所纠缠，而有充足的时间思考和处理更为重要的事情。我们来看下面这个用人授权的例子。

比如，在企业中如果你仅是学会怎样分派工作并追踪进度，这虽然稍稍减轻了你的工作负担，但是所有的决策过程仍全部推给了你。员工们很快地明白了你偏好以"我的方式"做事，他们会不断地前来问你什么才是你所希望的，向你询问具体应当怎么做，并要你不断提供咨询。如此一来，你花在这些事情上面的时间将有增无减，而"授权"工作的方式最终未能见效。

领导者如果不懂得适度授权，会让下属产生你不信任他们的感觉。譬如你要求员工早请示、晚汇报，一举一动都须征得你的同意，这样就会限制他们的积极主动性，他们会一直在等待你的分派，什么工作都会推给你去做，无形中增大了你的工作负担。

某电子公司要准备一项盛大的年度商展，要展示新产品并接受订单，所以必须拟定最好的参展计划。为此，请了一位沟通协调专家主控大局。这位专家在这方面的成就备受推崇，而且索酬也很高。他花了几个星期准备摊位、宣传物及展示品，但他不告知总经理正在进行的步骤。当总经理发觉距离商展揭幕只剩两个星期时，就要求他简短地报告他的参展计划，发现他的报告竟与公司以往所做的截然不同。对此，总经理自是不同意他的计划，并坚持他必须加以调整。

但是，一切都已太迟，距商展开幕时间太短而无法做任何调整。总经理手下的几位经理也跟他说，他们十分喜欢这个新的参展计划，所以，虽然总经理几乎要取消这次的商展，还是勉强同意继续进行计划。总经理心中原本想说："看吧！我早告诉过你们这计划不会成功。"但最终还是没有说出口。出乎总经理意料之外——公司办了有史以来最棒的一次商展！增加了40％的订单，公司的摊位是会场中最耀眼且很受欢迎的主角。

但当商展结束，一行人回到公司之后，这位专家就要求离去——他说他无法在这种处处受制约的环境中工作。

上面的故事中，由于总经理"全权负责"的作风，公司便留不下一位非常了不起的专家。同样可以想见，这个公司在行事方面的风格、在创新方面的能力也将大打折扣。授权，能够调动员工的积极性，充分发挥他们的才能。对此，前通用电气公司CEO韦尔奇曾说："过去，我们的管理人员习惯于对员工指手画脚，指示他们做这做那。'听话'的员工们按时按量地完成任务，但也不会自觉自愿地多做些什么。自从他们得到授权之后，情况是如此不同。我们常常惊讶于员工主动完成任务的积极性。有那么多的事情，管理层甚至没有想到，但是我们的员工不仅替我们想到了，而且还默默地做完了，实现了。"

对人类思想最有影响的中国哲学家之一的老子提出了"无为

而治"的管理思想，它指出，做到了"无为"，实际上也就是高水平的"有为"。不仅是"有为"，而且是"有大为"。当然，"无为"不是叫领导者完全撒手不管的意思。它必须有两个先决条件，第一是制度的运行和个人礼义修养有很高的水平，第二是百姓的衣食住都必须充裕供应，没有匮乏。其实，"无为而治"的精髓是人力不轻举妄动，但制度则运行不违。当然，无为而治还有一点，那就是在高位者自己虽然"无为"，但他善于在重要职位上安排合适的人才，并且能做到充分授权。

我们要注意，在适度授权的同时，还应赋予相应的地位和名誉。名不正则言不顺，即便被授以大权，也难以开展工作。譬如让一个人全权负责某一项目的开拓工作，却没有赋予相应的职位，他又怎么能很好地开展工作呢？对于取得一定功绩的人员，却没有授予一定的荣誉，如此，一来其部属不听安排，二来其人自己心头也难以真正平衡。没有相应的地位和名誉，想想自己又何苦来着？

拿破仑的军事天才令世人叹服，而善用"名利"二字，也是他统帅军队的一大绝招。他定制了荣誉勋章，颁发了 15000 个给他的部下，又把 18 个将军升为"法国元帅"，此外，他更是自己称自己的军队为"无敌陆军"。当有人批评他，说他用"玩具"捉弄摆布饱受战争洗礼的老兵时，拿破仑答道："人就是被玩具所统领的。"

事实上，虽然有人或许对拿破仑此举有所微辞，但又有哪一个在战场出生入死的将士，不为身上挂上几个荣誉勋章、家中藏有荣誉证书而自豪呢？也正因如此，他们才能向着拿破仑的战刀所指的方向，奋不顾身地直冲向前。

做事真言

作为领导者，要懂得充分授权，这样才能充分发挥下属的才能，调动其积极性，共同完成工作。

适时退却，待时而进

主动退却，不是全线放弃，而是部分阵线的放弃，其真正目的在于重新打开自己的人生局面。因此，能够急流勇退者，常常为世人所称赞。而历史上一些不懂得急流勇退的人，其结果往往以黯淡收场。是的，任何是非都会让你受累，而如何彻底摆脱它，则是做人的真学问。

1990 年，安德斯·通斯特罗姆被瑞典乒乓球队聘为主教练。由于通斯特罗姆平时对运动员指导有方，又加上其战略战术比较高明，所以瑞典乒乓球队连年凯歌高奏。在 1991 年世乒赛上，他率领的瑞典男队赢得了所有项目的冠军。在 1992 年夏季奥运会上，他们又夺得男子单打金牌，这块金牌也是瑞典在这届奥运会上获得的唯一一枚金牌。

然而，正当瑞典国民向通斯特罗姆投以更热切期望的时候，他却突然宣布将于 1993 年 5 月世乒赛结束后辞职。通斯特罗姆的业绩如此辉煌，瑞典乒乓球联合会已向他表示："非常希望"延长其雇用合同，那么他为什么要在春风得意时突然提出辞职呢？许多人对此感到迷惑。

其实，正是通斯特罗姆连年的成功促使他做出了辞职的决定，通斯特罗姆说，自他担任主教练以来，瑞典乒乓球队取得一次又一次的胜利，但是"现在我已感到很难激发我自己和运动员去争取新的引人注目的胜利。瑞典乒乓球队需要更新，需要一个新人来领导。"

在这里，主教练通斯特罗姆能够认识到事物的发展规律，能够急流勇退，毫不留恋自己闪光的高位，显示了其过人的心胸和胆识。在体育赛场上，没有永远不败的常胜将军。通斯特罗姆在感到很难再去"争取新的引人注目的胜利"之际，果断地退下来，享受幸福安逸的后半生，无疑是明智之举。这样，既可以保持住自己的声望，又可以使瑞典队得以更新。如果等到瑞典队大败而归时再退下来，通斯特罗姆恐怕只能捧回一束残花。

主动退却，不是全线放弃，而是部分阵线的放弃，其真正目的在于重新打开自己的人生局面。因此，能够急流勇退者，常常为世人所称赞。而历史上一些不懂得急流勇退的人，其结果往往以黯淡收场。是的，任何是非都会让你受累，而如何彻底摆脱它，则是做人的真学问。

急流勇退且不说，这里再说说为了进取而采取的适时的退却策略。《老子》第三十六章："将欲歙之，必固张之；将欲弱之，必固强之；将欲废之，必固兴之；将欲夺之，必固与之。"这句话体现出卓越的辩证思想。后世对此多有发挥。以退为进，便是其辩证思想的最好发挥。"三十六计"中之所以"走为上计"也就是这个道理。当然，我们认为"走为上计"有些不符合现代社会中的为人处世原则，不妨改为"退为上计"。关于这一点，陈小春在《做人做事要有心机》一书曾这样总结道："退却是为了蓄势前进，让步是为了获取，之所以能够这样，因为主动退让，一可以松懈对手的防备警惕之心，缓解其攻势和压力，二可以为自己赢得时间，积蓄能量，此外，还可以赢得外界的支持。然后，你可选择有利的环境和时机，乘势而行。"

晋公子重耳由于国王昏庸，听信骊姬的谗言，逼迫太子自杀，因而出走流亡在外，这样他既避免了骊姬的迫害，又能留得余生待国有转机时回朝主持朝政。在他流亡期间，也渐渐变得成熟干练，而且他也充分利用"走"来寻找他的同盟者。这样他就在"走"的同时来促使晋国内外发生有利的变化，最后，他终于在秦国大军的护送下归晋，众多人欢迎重耳回国。

这里留守与退走形成了一个鲜明对比：留守则无生路，退走却得王位。这虽是一个治国之君的经历，但这个道理在我们平时为人处世时也是大有作用的。退走是为了等待时机，创造条件，不得为了躲避困难，寻求安逸。所谓"退为上计"是指做人者在自己的力量远不如对手的力量时，不要和对手硬拼，以卵击石，自取失败，应该采取"退让"的策略，避开是非，待时而进。

北宋仁宗时，西部边疆发生战争，大将刘平阵亡。朝中舆论认为，朝廷委派宦官做监军，致使主帅不能全部发挥自己的指挥作用，所以刘平失利。仁宗下诏诛杀监军黄德和。

有人上奏请求把各军元帅的监军全部罢免掉，仁宗为此征求宰相吕夷简的意见。吕夷简回答说："不必罢免，只要选择为人谨慎忠厚的宦官去担任监军就可以了。"仁宗委派吕夷简去选择合适的人选，吕夷简又回答说："我是一名待罪宰相，不应当和宦官交往，怎么知道他们是否贤良呢？希望皇上命令都知、押班，只要是他们所荐举的监军有不胜任职务的，就将他们与监军共同治罪。"仁宗采纳了吕夷简的意见。

第二天上朝，都知、押班在仁宗面前叩头，请求罢免各监军的宦官。宦官之祸患就这样解决了。朝中士大夫都钦佩吕夷简足智多谋。

宰相吕夷简这是以退为进。说是不罢免，其实却是退一步，然后再提出严苛的要求，让支持宦官的都知和押班，在实际选择监军宦官时对自己有百害而无一利，最终只能走主动请求罢免监军宦官这一条路，收到了更为理想的效果。由此可见以退让为进取的策略所暗含的强大力量和攻势。

在与他人相处时，以退让为进取也是一种微妙的迂回策略。适时"退却"，可以避免正面打击，保存你的实力。同时，你退让的姿态是一种巧妙的掩饰，这种掩饰极为重要，你可用它掌握他人的意志。在运用这招时，你先表现得以对方的利益为重，实际上是在为自己的利益开辟道路。对于某些需要冒风险的事情，这一招尤其可取。

做事真言

适时退却能让你保存实力，韬光养晦，待羽翼丰满之时再择机而进。

167

为自己，也为他人预留退路

给自己留余地，让自己行不至于绝处，言不至于极端，有进有退，在日后就更能机动灵活地处理事务，解决复杂多变的问题。世事充满变数，无论做什么事都难有百分之百的把握。如果把话说得太满，把事做得过绝，将来一旦发生了不利于自己的变化，就难有回旋的余地了。所以，在没有绝对把握时，应该先给自己留条后路，以便进退自如。

不管做什么事，都不要把事情做绝了，要给自己留条退路。古人云："处事须留余地，责善切戒尽言。"就是处理事情必须留有余地，督责人从善切戒把话说绝。不把事情做绝，不把话说绝，不将事情做到极点，于情不偏激，于理不过头。这样，才会使自己得到最完美无损的保全。在平时的工作与生活中，给他人留有余地，既是一种成功的美德，同样也给自己预留了一条后路。

预留后路，有三重意义：其一是为事业成败计划，做两手准备，做好万一行事不利时的接应、撤退准备。明智的人虽然行动之前都做好大量的调查研究，做好估算预测的谋划，但总是承认事物总有看不透、不可预料的一面。事实上，世事变幻，非人所能预测，所以主张凡事审慎，行事之前须考虑一些未知因素，安排机动力量，做好两手准备。其二是为他人预留下一点余地，以少树敌人，或化敌为友，以免两败，或者树敌太多而遭人破坏，在走向成功的路上却阴沟里翻船；其三为自己的安危荣辱着想，能够功成之际急流勇退，自然，也须在身处高位之时预先安排归宿。例如，诸葛亮在打算帮刘备打天下后，临行之际，将躬耕之事交给弟弟诸葛均且叮嘱再三："勿得荒芜田亩，待我功成之日，即当归隐。"林肯赴任总统行前，还用心打理好自己的律师事务所，安排助理仍然挂着"林肯律师事务所"的招牌，继续经营其律师事务。

　　行动之前做好两手准备，这一点道理不用多说，只看谋划决策者有没有足够的重视，在实际行动中有没有做好足够的安排。战场统帅从来都要为自己预留一条撤退的方案，我们也都应该预先为自己留条退路。一旦发现事业无法进行下去，我们就有必要中途中止另谋他路。为了尽量减少从一个行业撤退转入另一个行业，或失败带来的损失，在有重大行动之初，我们一定要解除后顾之忧，轻装上阵。

　　如果没有预先准备好退路，一旦要撤退的时候才发现撤退的壁垒已经被升高了，那就想撤退都退不了，其后果将是无法顺利地实现事业的更新换代，损失将是异常惨重。

　　其二是为他人留下退路。我们来看这样一则古希腊神话传说。

　　太阳神阿波罗的儿子法厄同驾起装饰豪华的太阳车横冲直撞，恣意驰骋。当他来到一处悬崖峭壁上时，恰好与月亮车相遇。月亮车正欲掉头退回时，法厄同倚仗太阳车辕粗力大的优势，一直逼到月亮车的尾部，不给对方留下一点回旋的余地。

　　正当法厄同看着难以自保的月亮车而幸灾乐祸时，他自己的太阳车也走到了绝路上，连掉转车头的余地也没有了。向前进一步是危险，向后退一步是灾难，最后终于万般无奈地葬身火海。

　　这个故事告诉我们：遇事要留有余地，不可把事情做绝。

　　连狡猾的兔子在生存过程中为了对付天敌都会准备好几个藏身的洞穴，为自己预留后路，以便于逃避灾祸。生活在复杂社会生活的人类，自然就更需要随时为自己留下一条退路了。

　　凡事就不能做得太绝，多留条后路给自己，这样才能进退自如。狡兔三窟，有备无患，留有余地，以防意外，这在政治、经济乃至整个社会生活中都有着积极的意义。预留退路，未思进，先思退。满则自损，贵则自抑，这样才能善保其身。

　　给自己留余地，让自己行不于绝处，言不至于极端，有进有退，在日后就更能机动灵活地处理事务，解决复杂多变的问题。世事充满变数，无论做什么事都难有百分之百的把握。如果把话说得太满，把事做得过绝，将来一旦发生了不利于自己的变化，就难有回旋的余地了。所以，在没有绝对把握时，应该先给自己留条后路，以便进退自如。

人生一世，千万不要使自己的思维和言行沿着某一固定的方向发展，直到极端，而应在发展过程中冷静地认识、判断各种可能发生的事情，以便能有足够的回旋余地来采取机动的应对措施。

即使与人交恶，也不要口出恶言，更不要说出"情断义绝"、"势不两立"之类过激的话，除非有深仇大恨。不管谁对谁错，当时最好都是闭口不言，以便他日狭路相逢还有个说话缓和的余地。话不要说满，事不要做绝，多给人留余地，这样做其实并不是仅仅为对方考虑、对对方有益的，更是为自己考虑、对自己有益的，这是对双方都有好处的。

做事真言

为他人留下退路，也就是为自己留下退路。

俭以修身，宽以待人

主动承认自己的过错

当我们有了错误，主动地承认自己的错误，并向他人表示真诚的感谢或歉意，做到了这一点，它就会在对方心中产生一种微妙的心理变化，让对方得到一种自尊、占了优胜的满足感，会使对方显示出超乎寻常的容忍性，因而能转过来对你表示其谅解、宽容、信任和好感。很多时候，它能给我们带来意想不到的效果。

每个人都会犯错误，这个道理人们都懂。当他人犯错误时，我们总是希望他们能够承认并加以改正，可是当这种事发生在自己身上时，很多人都采取回避的态度：或者为保全颜面，觉得承认错误则会被人看低；或者是不愿承担由此而引发的责任。于是很多时候，人们不愿意承认自己的错误。这就造成了人们相互交往的障碍，因为每个人都坚持自己是对的，而各自的观点分明是不同的，甚至是对立的，于是便留下了埋怨、不满和争执，轻则影响相互之间的关系，重则影响自己的做人形象，同时，掩饰错误的行为会使你背上沉重的心理包袱。

有些人在工作中出现错误时，就会找出一大堆借口来为自己辩解，并且说起来振振有词，头头是道。你认为找借口为自己辩护，就能把自己的错误掩盖，把责任推个干干净净吗？事实并非如此，也可能老板会原谅你一次，但他心中一定会感到不快，对你产生"怕负责任"的印象。你为自己辩护、开脱，不但不能改善现状，所产生的负面影响还会让情况更加恶化。

一个人如果自傲自大，对于人家的指责总是一味否认，是不可能有任何进步的，到头来还是自讨苦吃。有些人认为承认错误有失自尊，面子上过不去，又害怕承担责任，害怕惩罚。与这些想法恰恰相反，勇于承认错误，不但不会使你蒙受损失，反而会使人尊敬你、信任你，你在他人心目中的形象反而会高大起来的。

乔治是一家商贸公司的市场部经理。在他任职期间，曾犯了一个错误，他没经过仔细调查研究，就批复了一位职员为纽约某公司生产 3 万部高档相机的报告。等产品生产出来准备报关时，公司才知道那个职员早已被"猎头"公司挖走了，那批货如果一到纽约，就会无影无踪，货款自然也会打水漂。乔治一时想不出补救对策，一个人在办公室里焦虑不安。这时老板走了进来，见他的脸色非常难看，就想质问乔治怎么回事。还没等老板开口，乔治就立刻坦诚地向他讲述了一切，并主动认错："这是我的失误，我一定会尽最大努力挽回损失。"

老板被乔治的坦诚和敢于承担责任的勇气打动了，答应了他的请求，并拨出一笔款让他到纽约去考察一番。经过努力，乔治联系好了另一家客户。一个月后，这批照相机以更高的价格转让了出去。

乔治的努力得到老板的嘉奖。

当我们有了错误，主动地承认自己的错误，并向他人表示真诚的感谢或歉意，做到了这一点，就会在对方心中产生一种微妙的心理变化，让对方得到一种自尊、占了优胜的满足感，会使对方显示出超乎寻常的容忍性，因而能转过来对你表示其谅解、宽容、信任和好感。很多时候，它能给我们带来意想不到的效果。

一个人犯了错误并不可怕，怕的是不承认错误，不能及时地改正错误，从而使得错误扩大化。一般来说，再大的过错，在短时间内都不会造成太大的影响，如果我们能及时地弥补这个过错，都可能大事化了，小事化小，事情得到圆满的解决。一般处理问题的时机，应该是在雪球尚未愈滚愈大、还没开始纠缠不清、情绪还没失控之前。如果我们对业已发生的问题的苗头置之不理，即使是最微弱的火花，也完全有可能演变成燎原之势。

人非圣贤，孰能无过？员工也一样，不论多么优秀的人也肯定是要犯错误的，只有无所事事的人才不会犯错。聪明员工的可贵之处是能在每次犯错误之后接受教训，及时总结经验，同样的错误绝不犯第二次，但一个人要真正做到不犯二次过错，其实是非常不容易的事情。一个人犯第一次错误叫不知道，第二次叫不小心，第三次则是故意。不要以不小心作为犯错误的借口，更不能故意去犯错误。如果你能对上司说："老板，您放心，这是我第一次犯这个错误，也是最后一次。"那就非常不简单了。不过你能够说到做到吗？如果能，那你的上司会相信你的毅力，认同你的素质，进一步赏识你。

松下幸之助说："偶尔犯了错误无可厚非，但从处理错误的态度上，我们可以清楚地认识一个人。"老板欣赏的是那些能够正确认识自己的错误，并及时改正错误以补救的职员。人都有一种习惯心理，喜欢听表扬，不愿听批评的话。有的人一听到批评，就面红耳赤，忐忑不安；有的人暴跳如雷，恼羞成怒；有的人咬牙切齿，仇恨满胸；有人的虚心接受，但不加改正；有的人表面接受，心里怨恨，寻衅攻击，这种负面回应批评的态度，是极不明智的表现。

掩饰错误往往要比承认错误花费更大的代价。最大的错误，就是不承认错误。当你准备坚持任何事情时，最好先仔细想想你的坚持是否因为你确有充足正当的理由？还是只是为"保全面子"而已？如果你觉察出有保全面子的因素在内，那么请你及早抛弃你的坚持。因为为"保全面子"而采取的任何行动，都只能使你一错再错，使你处在最容易受到攻击的地位，被动地采取守势。这等于让自己背上沉重的包袱。相反，如果勇敢地承认错误，才会帮你在成功路上有所收获。

做事箴言

"过而改之，善莫大焉。"一个人最怕的不是不小心犯了错误，而是在犯了错误后却死不悔改。

适时退让，给双方一个台阶

争强好辩不可能消除误会，而只能靠技巧、协调、宽容以及用同情的眼光去改变他人的观点。当你硬性坚持要某人接受你的意见、观点时，对方很容易产生抵触心理，哪怕你的观点是对的。而退让的奥妙，就是在对方提出反对意见时，及时退步，使对方感觉尊重他的意见，虚荣心得到满足，从而达到说服对方的目的。

你退让的姿态，使得对方的自尊在得到满足的同时，自己的路也在一点一点加宽。

人际关系中暂时的忍让吃亏，可以获得长远的利益。关键是要不露声色地迎合对方的需要，既以对方的利益为重，又为自己的利益开道。求人帮忙，要求可先提得很高，结果适得其中，对方会因为没帮上你大忙而内疚，进而较易答应你较小的要求；或者循序渐进，从让他做小事开始过渡到帮大事。因为他已对你有好感和依赖，养成了对你说"是"的习惯。先高后低，可造成你大步退让的假象；由小到大，让对方无法察觉你"先得寸后进尺"的真正意图。

赫蒙在这方面就显得比常人更加聪明。

赫蒙是美国有名的矿冶工程师，在耶鲁大学毕业之后，又在德国的弗莱堡大学攻读了硕士学位。可当赫蒙来到美国西部，在与大矿主赫斯特见面，递上自己所有的文凭和证件时，以为老板会乐不可支，没想到赫斯特很不礼貌地对赫蒙说："我之所以不想用你，就是因为你曾经是德国佛莱堡大学的硕士，你的脑子里装满了一大堆没有用的理论，我可不需要什么文绉绉的工程师。"

原来，那位大矿主是个脾气古怪又很固执的人，他自己没有文凭，同时也不大相信有文凭的人，更不喜欢那些文质彬彬又专爱讲理论的工程师。这一点，当时赫蒙并不知道，但他还是没有生气，反而心下一动，心平气和地回答说："假如你答应不告诉我父亲的话，我要告诉你一个秘密。"赫斯特表示同意。

于是赫蒙对赫斯特小声说："其实我在德国的弗莱堡并没有学到什么，那3年就好像是稀里糊涂地混过来一样。"

想不到赫斯特听了笑嘻嘻地说："好，那明天你就来上班吧。"

就这样，赫蒙运用了必要时不妨退一步的策略轻易地在一个非常顽固的人面前通过了面试。

也许有人认为赫蒙那样做不太合适，但问题是必须做到既没有伤害他人又能把问题解决。就拿赫蒙来说，他贬低的是自己，他自己的学识如何，当然不在于他自己的评价，就是把自己的学识抬得再高，也不会使自己真正的学识增加一分一毫，反过来贬得再低也不会使自己的学识减少一分一毫。

在与他人洽谈时，你不妨也试着站在对方的立场考虑，以他人利益为重，自己做出适当的退让。当然，这种退让不只是增加了对方的利益，很多情况下，也是在为自己的利益开辟道路。在做有风险的事情时，冷静沉着地让一步，尤能取得绝佳效果。成功的第一步便是让自己的利益和意图丝毫不露，让对方因为你能投其所好而情愿做你要他做的事。尊重并突出他人的观点和利益，这是我们欲求他人合作的最有力的法宝。人们常常不会正确使用这一法宝，是因为他们常常忘记了，如果我们过分地强调自己的需要，那他人对此即便本来是有兴趣的，也会改变态度。你必须明确，要让一个人做任何事情，唯一的方法就是使他自己情愿。同时，还必须记得，人的需要是各不相同的，各人有各自的癖好和偏爱。你首先应当将自己的计划去适应他人的需要，然后你的计划才有实现的可能。

比如，说服他人最基本的要点之一，就是巧妙地诱导对方的心理或感情，以使他人就范。如果说服的一方特别强调自己的优点，企图使自己占上风，对方反而会加强防范心。所以，应该注意先点破自己的缺点或错误，暂时使对方产生优越感，而且注意不要以一本正经的态度表达，才不会让对方乘虚而入。让步其实只是暂时的退却，为了进一尺有时候就必须先做出退一寸的忍让，为了避免吃大亏就不应计较吃点小亏。

卡耐基认为，十之八九，争论的结果会使双方比以前更相信自己是绝对正确的，你赢不了争论。要是输了，当然你就输了；如果你赢了，还是输了。为什么？如果你的胜利，使对方的论点被攻击得千疮百孔，证明他一无是处，那又怎么样？你会觉得洋洋自得。但他呢？你使他自惭。你伤了他的自尊，他会怨恨你的胜利。而且"一个人即使口服，但心里并不服"。

争强好辩不可能消除误会，而只能靠技巧、协调、宽容以及用同情的眼光去改变他人的观点。当你硬性坚持要某人接受你的意见、观点时，对方很容易就产生抵触心理，哪怕你的观点是对的。而退让的奥妙，就是在对方提出反对意见时，及时退步，使对方感觉尊重他的意见，虚荣心得到满足，从而达到说服对方的目的。

因此，在提出自己的行动计划之前，有必要考虑他人的接受程度，而事先提出更高更深一步的要求。正如鲁迅所说："如果有人提议在房子墙壁开一个窗口的话，势必会遭到众人的反对，窗口肯定开不成。如果他提议要把房顶扒掉，众人则会退让，同意开个窗口。"

这个道理也可以反过来用，那就是"欲求一尺，先要一寸"的退让方法。倘若你需要他人提供较多的帮助，不妨采用"登门槛"技术，即先请对方予以小的帮助，然后拾阶而上，要求他帮助解决更大的问题。心理学家的解释是：同意提供小的帮助的人等于给自己提供了这样一种自我感觉：自己是个乐于助人的人。接着，他们就会以一种与这种自我感觉相一致的方法去行动，进而有了更多的奉献。而答应了"一寸"之后，他会养成对你说"是"的习惯，对你"一尺"的目标也很难觉察。如果最终达不到目标，我们则应该抱着"一尺不行，五寸也可以"的态度，及时调整我们的期望值，适当让步，让事情向好的一面转化。人们在跨过门槛，登上台阶时，应该高抬腿，低落步。这种近于本能的习惯，应用在社交中却是一个很巧妙的退让方法。具体来说是用大要求来制造退让的假象，从而实现较小的要求。

下面介绍一些适时退让的方法，可以在必要的时候使用：

给对方一个台阶，"你好我好大家好"。生活中常有一些人特别固执己见，十分容易为一些小事情同他人争论，而且火药味浓烈。这时候，得理的一方应当有饶人的雅量，他可以一面解释一面折中调和，最好使用不带刺激性的"各打五十大板"或者"你好我好"的语言形式，以避免冲突的扩大。

熄怒火，"事情原来如此这般"。不少时候，人和人之间的相互发火，是因为互不了解、有失沟通造成的。这时候得理的一方切不可因对方的错怪而以怒制怒。最好的方式是多加解释，想法沟通或者道歉、劝慰，与对方达成谅解或共识。

对蛮横无理者，不妨主动承揽一些不属于自己的过错，"这一切权当都怪我"。面对蛮横无理者，得理者若只用以恶制恶的方式，常常会大上其当。这时候，平息风波的较好方式，莫过于得理者勇敢地站出来，主动承担责任，以自责的方式对抗恶人恶语，以柔克刚。宽容与自责方式起了良好作用。因为它反衬出对方的无理和低劣，从而从容地制止了事态的扩大。

做事真言

日常交际，要切记"两虎相争，必有一伤"的古训，切勿火上浇油，酿成"烧了大屋"的悲剧。让人一步不为低，如果你占理又能相让，众人不但会承认你是对的，更会称道你的宽宏大量，令你达到众望所归的完美地步。

对他人的帮助，要有感恩之心

在我们人生的道路上，离不开方方面面的帮助，如老师、同学、亲朋好友，乃至单位的领导和同事，都曾在人生的某个阶段关心、支持或帮助过我们。我们在条件允许的情况下，理应回报他们，报答他们的恩情。对于父母哺育之恩，终生难以回报，"谁言寸草心，报得三春晖"；对老师栽培之恩，则"一日为师，终身为父"；对于知己知遇之恩，则"士为知己者死"；而夫妻之间，则有"一夜夫妻百日恩"。

感谢一切曾经帮助过我们的人，他们会继续愿意帮助我们。

饮水思源，凡是帮助过我们的人，我们都应该铭记在心。对于他人的恩情，一方面，是当时的"大恩不言谢"；另一方面，则是过后的"滴水之恩，当涌泉相报"。下面是一个关于感恩的故事：

一个生活贫困的男孩为了积攒学费，挨家挨户地推销商品。傍晚时，他感到疲惫万分，饥饿难捱，而他推销的却很不顺利，以至他有些绝望。这时，他敲开一扇门，希望主人能给他一杯水。开门的是一位美丽的年轻女子，她给了他一杯浓浓的热牛奶，令男孩感激万分。许多年后，男孩成了一位著名的外科大夫。一位患病的妇女，因为病情严重，当地的大夫都束手无策，便被转到了那位著名的外科大夫所在的医院。外科大夫为妇女做完手术后，惊喜地发现那位妇女正是多年前在他饥寒交迫时，热情地给过他帮助的年轻女子，当年正是那杯热奶使他又鼓足了信心。结果，当那位妇女正在为昂贵的手术费发愁时，却在她的手术费单上看到一行字："手术费，一杯牛奶。"

每每读到这则故事，内心便升腾起一种无以言表的感动。为那美丽的女子，更为那长大作了外科大夫的男孩。如此感恩之心，让人多么感动啊。不要把他人的好，视为理所当然。要知道感恩。对他人的恩惠感恩，不单是我国传统的美德，也应是每一个人为人处世的准则。如果一个人对他人的恩惠视而不见，或认为是理所当然的，甚至恩将仇报，那将会让多少好心人寒心！

"失去工作，我才体会到以前自己的行为多么无知。"已有近一个月，职场新人高小楠依然难以找到满意的工作。至此，高小楠对职场添了深一层的感悟：感恩和自律，对于初入职场的年轻人来说尤其重要。

2005 年毕业后，高小楠就进入一家外企在中国设立的办事处，令很多同学羡慕不已。高小楠渐渐成长为一个合格的销售助理，可以独当一面。总经理在公司，总倡导大家和谐团结，保持团队的向心力和稳定性，因此再很少对外招聘。高小楠呢，因为自己是公司唯一的女性，又长得漂亮，有着众多男士的礼让与呵护，她渐渐变得骄傲起来。对部门安排的事情，要么就是有选择性地做，要么就忘在脑后。好在男同事们也多让着她，有时实在闹出了矛盾，只要不关原则，总经理也会以"男士要有绅士风度，不要跟女孩子计较"为由，让男同事礼让高小楠几分。

一年后，高小楠参加国外的展览会，开展当天，高小楠负责的几个文档都忘了带去，虽说事后有在国内的同事邮递补救，但也对工作有耽搁，几个同事因此说了她几句。回国后，高小楠赌气递上辞呈，总经理为稳定团队，挽留了她，高小楠因赢得"胜利"不免十分得意。

可此事过后，或许是初入社会人生经验还不大丰富，高小楠的性格更趋骄惯，递辞呈竟成了高小楠惯使的一大"绝招"。几个月后，总经理终于不再容忍，便在高小楠的辞职信上签名准许，看着"弄假成真"，高小楠叫苦不迭。"我知道很难再有上司像总经理那么宽容，是我自己没有珍惜机会，我的任性，对于总经理的宽容大度来说，也是一种伤害和辜负。"高小楠道出了自己的心声。

一个成熟的职场中人，应该在辞职之时多考虑一下自己的离开对原公司可能造成的冲击。毕竟，辞职不仅对你自己有影响，对同事、对上司，甚至对部门都会有影响。同时，还更应该考虑降低自己的辞职成本。高小楠因为自己的任性，不懂得对在职场中帮了自己很大忙的总经理感恩，也不懂得对关怀自己的同事感谢，也不懂得考虑自己辞职后的得失，最后失去了工作，却再难找到同样好的工作，其苦果只能独自品尝。

无论是上级领导还是普通客户，都有一种得到重视、受人尊重的心理期望。感恩就是一种让他们感觉到你对他们很重视的最好的方式。

一个人在职场上做得累不如做得巧。这就需要下属全面正确地理解上级的意思，从而达到有效的沟通，保持良好的关系。要做到这一点，最简单的办法就是要站在企业，站在上级的立场去思考问题，及时汇报你对公司的贡献，当然也不要忘了向上级、老板表达最诚挚的感谢之情，感谢他们对你的支持和帮助。

其实客户除了和我们是买卖关系以外，还是敢于正面地批评我们、愿意坦诚地指出我们做得不足之处的人，也是真正给我们发薪水的老板，是我们真正的衣食父母，我们必须对这些客户始终抱着一颗感恩的心，这样比单纯地空喊"客户就是上帝"有意义得多。

你的同事除了在工作的业绩上和你有竞争的一面之外，他们还有一个特质就是和你一样也是一名员工，他们也同样是在老板的企业里工作，寄人屋檐下，应该学会惺惺相惜，比如你办公桌上的笔没有墨水了，比如你临时有事要同事代你请假，还有很多很多的情况你都需要同事帮你小忙，如果你不懂得对他人的小恩小惠给予感激，那么下次你还能指望会有人对你伸出援助之手吗？

因此，用你的感恩来向他们表达你对他们恩情的感激，这会让他们觉得你是一个懂得记住他们好处的人，因此也会对你产生好感。这同样是你在日常生活中做事必不可少的一个手段，不要觉得感恩可有可无，或是觉得麻烦，而恰恰相反，你要在职场中步步高升就要不断地感谢那些曾经帮助过你的人，只有这样，他们才能够愿意在你需要的时候继续给你大力的帮助。

做事真言

不要把他人对你的好、给你的支持和帮助，视为理所当然，也不要抱怨生活。要有感恩之心，真诚感谢生活的美好，而对于那些给予自己支持和帮助的人，更要真诚地道一声——"谢谢！"

话有三说，巧说为妙

必要时说些善意的谎言

善意的谎言不是以利己为目的，适当时候说出可以饱含真诚，散发出温暖的光辉，能让说者与听者共享欢愉。充满真诚与关怀的善意的谎言，不但能达到良好的效果，不少时候，它还能带来更多的感动。

我们也许曾经历过，小时候妈妈说自己不爱吃肉，把所有的肉都塞到了我们的碗里；我们也许感动过，几位热心的同事瞒着我们，悄悄准备着献给自己生日的惊喜。我们也许都思考过，如何用更好的方法向客户提供我们的服务和产品，用另一种特殊的方式传达着我们的友善。也许谁都不可避免地说过善意的谎言，曾为了某个美好的结果，向他人有所隐瞒。

善意的谎言不是以利己为目的，适当时候说出可以饱含真诚，散发出温暖的光辉，能让说者与听者共享欢愉。充满真诚与关怀的善意的谎言，不但能达到良好的效果，不少时候，它还能带来更多的感动。

两个盲人靠说书弹三弦糊口，老者是师父，70多岁；幼者是徒弟，20岁不到。师父已经弹断了999根弦了，离1000根弦只差一根了。师父的师父临死的时候对师父说："我这里有一张复明的药方，我将它封进你的琴槽中，当你弹断了第1000根弦的时候，你才可以取出药方。记住，你弹断每一根弦时都必须是尽心尽力的。否则，再灵的药方也会失去效用。"那时，师父还是20岁的小青年，可如今他已皓发银须。50 年来，他一直怀着那复明的梦想。他知道，那是一张祖传的秘方。

一声脆响，师父终于弹断了最后一根琴弦，他取出药方直向城中的药铺赶去。当他充满虔诚、满怀期待地等待取药时，掌柜的告诉他："那是一张白纸。"他的头嗡地响了一下，平静下来以后，他明白了一切：原来师父说弹断 1000 根琴弦，就能得到那复明的药方，只是真诚、善意的谎言，自己就是靠着这善意的谎言才有了活下去的动力。

回家后，他郑重地对小徒弟说："我这里有一个复明的药方，我将它封入你的琴槽，当你弹断第 1000 根琴弦的时候，你才能去打开它。记住，必须用心去弹……"

小徒弟虔诚地允诺着，他也跟他的师父一样，活在这个善意的谎言里。这个谎言给了他希望的动力，引发他去追求生命中最美丽的时刻。如果师父不说这个谎，他的徒弟能如此轻松坦然地面对自己的将来吗？

真诚是人人必备的美德，它不排除善意的谎言，只要你掌握一定的原则，你所制造的谎言会比你的真诚更能赢得他人的心。从某种意义上讲，说谎成了人们交往与沟通的一种生活必需，能够帮助当事人解决一些棘手的问题。

李渊宏大学毕业后，在一家公司做了 4 年售后服务工作，他勤于思考肯于钻研，已经成为公司最年轻的技术专家。恰逢劳动合同即将到期，另外一家公司的研发部门也想高薪挖李渊宏。经过几轮面试的接触之后，李渊宏与那一家公司相互觉得很满意，于是李渊宏决定向上司提出辞职。

然而，怎么向老板申请辞职让李渊宏感到棘手。一来自己与公司感情深厚，二来公司对自己也很是倚重，不一定舍得放手。思考了几天后，李渊宏针对自己上司追求完美的个性，想好了自己的措辞和应对。李渊宏对上司非常明确地说，希望能够不续签合同，"给自己一段时间去学习去充电"。说这话的时候他用真诚热切的眼神看着上司。这是上司最能接受的借口，与办公室政治无关，与薪水无关，与他的领导魅力无关。

经过几个回合的"拉锯"，如李渊宏所料，上司答应了李渊宏辞职的要求，双方皆大欢喜。

上司如何分辨李渊宏的借口是真是假并不是问题的关键，重要的是李渊宏了解上司，知道应该给他怎样的理由他会比较容易接受而不失颜面。所以，冠冕堂皇的善意的谎言，在职场中也是有用的。就是在不伤害对方的前提下，为使事情控制在一定范围和一定程度，来说一些不含恶意的谎言。它是一种职场常用的手段和一种处事方法，它有时也是处理上下级关系的润滑剂。只是在运用这一手段时，要注意尺度，更不要违背行业的商业规则和个人的职业道德规范。也许大家都认为，说谎是一种不良行为，但人与人之间的相处，偶尔还是需要些善意的谎言。

如果你能本着真诚，编造他人更容易接受而不伤害其他任何人利益的谎言，那是你的高明，你完全没必要固执于"绝对诚实"。相反，你若不看具体场合不论事情的发展状况，固执于事实的绝对真实，而抛出令人难以接受的事实的真相，那么，即使你一片真诚，也可能遭人怨恨。要知道，不分场合的诚实，不仅会伤害到他人也会伤害自己。

那么，如何说出善意的谎言呢？

（1）说出善意的谎话。

有时出于对他人利益的考虑，从善良的愿望出发，去编织一些谎话，比如，对癌症患者撒谎说他的病不是癌，以免病人受到刺激，使病情恶化；对生病的孩子撒谎说药不苦，是为了让他把药吃下去治好病；对老人说他年轻，是为了满足他的心理需要，让他生活更带劲儿；对妻子炒的菜虽感咸点儿，但却说味道好极了，是为了珍惜她的劳动，保护她烹调的积极性。

（2）应急的谎言。

或者害怕对方斥责，为逃避恐惧而撒谎，或者身处进退两难的境地，找借口婉拒朋友之邀而撒谎。比如，恰好要陪妻子上街，或与恋人约会，这时只好找借口婉拒朋友之邀，这就是在不破坏朋友情绪的原则上，以谎言作为拒绝的手段。

（3）调侃的谎言。

在言谈中，为了强调言谈内容的情景，故意把未曾发生过的事情编入事实，以增强谈话的气氛，英国著名作家、戏剧家萧伯纳说过："我开玩笑的方法，就是编造真实。编造真实乃是这个世界最有情趣的玩笑。"

（4）社交的谎言。

社交的谎言，在生活中起着润滑剂的作用。例如，客人的孩子摔坏了杯子，我们会说："没关系，早就想换新的了。"其实未必如此，不过是为了减轻客人的心理压力而已。招待客人时，主人头痛却装出笑容，以免扫大家的兴，让客人多玩一会儿，其实早就盼客人散去，好好休息。这种谎言具有牺牲自己的利益，顾全他人的功能。

当然，在你说这一类善意的谎言时，必须注意的是：你的谎言必须是以成人之美、避人之嫌、宽人之心、利人之事为目的的。善意的谎言的设计应该是自然可信的，任何紧张造作和夸大其词，都会引起他人的怀疑和反感。其实，说出这一类的谎言不必紧张，不必有什么良心上的愧疚，要知道，善意的谎言若出于善良和真诚，它便无悖于道德；而撇开道德的标准，谎言就是一种智慧。

做事真言

并非任何场合都必须实事求是地说真话才算美德，有些时候，出于善意，说些谎言比说真话更好。

情况特殊时试试激将法

激将法的关键是故意挑逗对方，贬低对方，以此来激怒对方。一般说来，年纪轻的要比年纪大的容易动怒一些，因他们血气方刚，容易气盛；见识少的要比见识多的易生气些，他们少见多怪，容易激动；越是讲究衣着打扮的、好争高比强的、地位较高、受人尊重的人越怕他人看不起，他们相对比较敏感。某种职业、某些人群在性格上具有某些特征，激将法在这些人身上就会有不同的效应。

《孙子兵法》中说："怒而挠之。"就是说对于易怒的之人，要用挑逗的方法来激怒他，使其情绪激动，而为我所控制。这其实就是一种激将法。激将法主要是通过隐藏的各种手段，让对方进入激动状态，以至于表现出愤怒、羞耻、不服、高兴等情绪，导致情绪失控，然后无意识中受到操纵，去干你想让他干的事。

激将法的关键是故意挑逗对方，贬低对方，以此来激怒对方。一般说来，年纪轻的要比年纪大的容易动怒一些，因他们血气方刚，容易气盛；见识少的要比见识多的易生气些，他们少见多怪，容易激动；越是讲究衣着打扮的、好争高比强的、地位较高、受人尊重的人越怕他人看不起，他们相对比较敏感。某种职业、某些人群在性格上具有某些特征，激将法在这些人身上就会有不同的效应。

施用激将法，一要考虑对方的身份，二要注意观察对方的性格。一般说来，一个人的性格特点往往通过自身的言谈举止、表情等流露出来，快言快语、举止简捷、眼神锐利、情绪易冲动的人，往往是性格急躁的人；口出大言，自吹自擂，好为人师的人，往往是骄傲自负的人。对于这些人，激将法便容易奏效。比如对待傲气十足的人，如果他把面子看得很重而讲究分寸，你不妨从正面恭维入手，让他飘飘然，因为爱慕虚荣而顺从你的意图。这种类型的人只要你说他长很高，他便会跳起脚给你看。而对于一些眼神稳定、说话慢条斯理、性格稳重的人，安静平和的人，谦虚谨慎的人，激将法便最好不要使出来。

"激将法"中的"激"，确切地说，就是要从道义的角度去激对方，让对方感到不再是愿不愿意去做，而是应该或必须去做，或者敢不敢去做。以义激之的方法在我们国家更为有效。因为中国传统道德文化中有一个重要的方面就是重视人的品德修养，讲求道义、气节。对于义，每个人都有自己的衡量标准，在每个人的心中都飘扬着一面道德的旗帜。激之以道义，恰恰就是触及你的内心深处，让他认为你求助的实质是道义的行为。另外，通过故意贬低对方，看不起他，说他不行借以激起对方求胜的欲望，也能使其超水平发挥自己的能力，从而达到我们的目的。

在《三国演义》，马超率兵攻打葭萌关的时候，诸葛亮对刘备说："只有张飞、赵云两位将军，方可对敌马超。"

刘备说："子龙领兵在外回不来，翼德现在这里，可以急速派遣他去迎战。"

诸葛亮说："主公先别说，让我来激激他。"

这时，张飞听说马超前来攻关，大叫而入，主动请求出战。

诸葛亮佯装没有听见，对刘备说："马超智勇双全，无人可敌，除非往荆州唤云长来，方能对敌。"

张飞说："军师为什么小瞧我！我曾单独抗拒曹操百万大军，难道还怕马超这个匹夫！"

诸葛亮说："你在当阳拒水断桥，是因为曹操不知道虚实，若知虚实，你怎能安然无事？马超英勇无比，天下的人都知道，他渭桥六战，把曹操杀得割须弃袍，差一点丧了命，绝非等闲之辈，就是云长来也未必战胜他。"

张飞说："我今天就去，如战胜不了马超，甘当军令！"

诸葛亮看激将法起了作用，便顺水推舟地说："既然你肯立军令状，便可以为先锋！"

结果张飞与马超在葭萌关下酣战了一昼夜，斗了二百二十多个回合，虽然未分胜负，却打掉了马超的锐气与狂傲，为后来诸葛亮施计说服马超归顺刘备打下了有力的基础。

张飞这种不服输的逆反心理，便被诸葛亮充分利用，施展激将法，收到了极好的效果。在现代企业管理中，激将法也常被一些领导者所使用。争胜的欲望加上挑战的心理，对一个有血气的部下来说，是一种最有效的激励。对于有些人，在某种事情上，你禁止他做，他反而硬要去做，尤其是倔犟的人更会如此。反之，你放手不管，说"你尽管做吧"，对方反而不愿服从，或者起了怀疑，结果就不去干了。懂得这个道理，便能在很多场合操纵人心，易如反掌。

除了激励对方尽力而为之外，激将法还常被用于探测他人的意图与态度。在这种情况下，关键之处在于：对于他人高深莫测的只言片语，你要佯装不屑一顾，暗中揣度对方的心底，并点点滴滴将秘密引到他们的舌端，对方一旦发烧，便会不顾一切地吐而后快，最后落入你精心巧设的罗网。

近几个月来，一家个体服装店老板伍某生意越做越大，营业额大幅度上升。税务部门要其补交税款，但其拒不承认营业额增大。一稽征员多次上门，均被其搪塞过去。

这天，另一稽征员老谭找到他。稍事交锋后，老谭便以关心的口吻问道：

"有笔大生意，做不做？"

"生意人，哪有不做的！啥款式？多少？"

"上次那种西装，两百套。"

"我正想吃进一批西装来换季。开价呢？"

"每套180元。如果全要，可打九折。唉，可惜你没有这个肚量！"

"笑话？我就要全吃！"

"你全吃？我提醒你：老规矩，货款必须在两个月内全付清啊！"

"小看人！两个月，我还卖不出来吗？"

"这可是3万多元哪！"

"算个屁！今年以来，我哪个月不卖两万？"

"那好。你先把这几个月漏的税补交了再说吧！"

"你？……天哪！"

这种战术源于人们的好胜心理。当然，要采取此激将法，必须注意方法和技巧，最好利用暗示，切不能够一激将人激怒了，让你吃不了兜着走，说不定要和你拼个死活呢。一位名人曾说过：
"如果我们想要完成一件事，必须鼓励竞争，那并不是说争着去赚
钱，而是要有一种胜过他人的欲望。"

这个技巧可用于日常交谈之中。对方打开话匣子时，佯装怀
疑，表示不相信，这是使你的好奇心如愿以偿的万能钥匙。有些
机灵鬼学生，更是用此反驳老师，或向老师挑战，让老师亮出他
的绝学家底。这一切都在不知不觉之中进行，令对方情不自禁地
进入自己的套子，此乃浑然天成的激将妙法也。

做事真言

对于某些具有特殊性格的人，使用激将法激激他效果会更好。

找一个说得过去的借口

人们做事情总是要名正言顺，要有个说法给人们一个交代，
要找个托辞做个解释，这样行事便有了理由，事情也因而变得更
为顺利。既然如此，有行事之前，不妨为自己找个说得过去的借
口，"言"顺则"名"正。名正言顺，理直气壮，行事便顺利得
多，事情的结果也会变得更理想。而名不正言不顺者，理不直气
不壮，行事起来难以光明正大，应对起来也心虚慌张，含糊其辞，
便会引起人们的怀疑与警惕，平添不少的阻力。

人类是理性的动物，事无巨细，都要起个名字，有个叫法，
给个说法。即使是个无赖之人，也不愿让人说自己无理取闹，他
们总会有自己认为比较应当的理由；皇帝杀臣下、除异己，也得
给文武大臣一个解释，尽管是"欲加之罪，何患无辞"。

王某准备借助于好友赵某的路子做笔生意，可就在他将一笔
巨款交给赵某过后不久，赵某暴病身亡。王某立刻陷入了两难境
地；若开口追款，太刺激赵某的未亡人；若不提此事，自己的局

面又难以支撑。

帮忙料理完后事，王某是这样对赵夫人说的："真没想到赵哥走得这么早，我们的合作才开始呢。这样吧，嫂子，赵哥的那些关系户你也认识，你就出面把这笔生意继续做下去吧！需要我跑腿的时候尽管说，吃苦花力气的事情我不怕。你看困难大吗？要干的话，早一天好一天。"你看他，丝毫没有追款的意思，却还豪气冲天，义气感人，其实他明知赵妻没有能力也没有心思干下去。结果呢？赵妻反过来安慰他道："这次出事让你生意上受损失了，我也没法干下去，你还是把钱拿回去再找机会吧。"

借口是在人情往来中不能少的手段。借口用得好，方法得当，会皆大欢喜，境界全出。用得不好，让人挡回，自找没趣。所以，只有巧妙掌握找借口的技巧，才能给整个做事的过程上划一个漂亮的句号。下面我们就以人情往来中的"送礼"来说明借口的种种妙处：

（1）借花献佛。

如果你送人土特产品，你可以说是老家来人特意捎来的，分一些给对方尝尝鲜，东西不多，又没花钱，不是特意买的，请他收下。乡情观念谁都会有，一提起家乡，谁都会想起那诸多的难以忘怀的往事。这样，不但送了礼，还有了共同的话题。一般来说，受礼者那种因盛情无法回报的拒礼心态可望缓和，会收下你的礼物。

（2）先说是借。

假如你是给家庭困难者送些钱物，你就要考虑到他们的自尊心。一般而言，许多人都是"人穷志不穷"，自尊心很强，也很敏感，轻易不肯接受帮助。你若送的是东西，不妨说，这东西我家撂着也是闲着，让他拿去先用，日后有了再还。如果送的是钱财，可以说拿些先花着，日后有了时再还，不急。受礼者会觉得你不是在施舍，而且日后还可以偿还，不算是多大的人情，因而会乐于接受的。这样你送礼的目的就会达到了。

（3）暗渡陈仓。

如果你送的是酒、稀奇的食物一类的东西，不妨假说是他人前两日送了你两瓶酒，今日来和他对饮共酌，请他准备下酒菜。这样喝一瓶送一瓶，礼送了，酒也喝了，席上话也说了，关系也近了，还不露痕迹。

（4）借马引路。

有时你想送礼给人，而对方却又与你八竿子拉不上关系，你不妨选受礼者生日或结婚日，或者他父母大寿之日，邀上几位熟人一同去送礼祝贺，那样一般受礼者便不好拒绝了。事后，当人知道这个主意是你出的时，必然改变对你的看法。众人力量远胜一人，借助大家的力量达到送礼联谊的目的，实为上策。

（5）移花接木。

老张有事要托小刘去办，想送点礼物疏通一下，又怕小刘拒绝驳了自己的面子。老张的爱人与小刘对象很熟，老张便用起了夫人外交，让爱人带着礼物去拜访，一举成功，礼也收了，事也办了，两全其美。

看来，有时迂回运动要比直接出击更能收到良好的效果。

首先，借人口中言，传我心腹事。

借他人的口，说自己的话，是找寻借口时重要的技巧。难堪的事经由"我听人说"一打扮，就变得不再尴尬；有风险的话，通过他人传过去，便有了进退的余地；不想或不便直接面对的人，也可经第三者从中周旋，穿针引线，化解矛盾。

其次，不妨借第三者言事。

一天，一位办理房地产转让的房产公司推销员来到一位朋友家，带着双方都熟悉的一位朋友的介绍信。彼此一番寒暄客套之后，他就讲开了："此次幸会，是因为我的上司赵科长极为敬佩您，叮嘱我若拜访阁下时，务请先生您在这本书上签名……"边说边从公文包里取出这位朋友最近出版的新书。于是这位朋友不由自主地信任他。在这里，赵科长的仰慕和签书的要求只不过是个借口，目的是对这位朋友进行恭维，使他开怀。

在被恭维者面前，若以第一人称的语气这样说，则必有谄媚的味道，会使人很容易观察其目的。但这位高明的推销员有意撇开自己，用"我的上司是您的忠实读者"这种借他人之口的迂回之法，就比"我崇拜您"更巧妙、更有效，更容易使人接受。尤为高超的是，一旦遭到拒绝，是第三者的面子不够大，与本人无关，这个第三者无形之中变成了挡箭牌。

有的时候，挡箭牌仅仅是为了遮羞而已，可少了又断然不行，比如问一些敏感话题。再比如反驳对方，也可以第三者的口气来说。一般人是否有接受批评或反驳的雅量，主要取决于反驳或否定的方式。否定或反对自己意见的人就站在眼前，是一般人难以忍受的事。反过来说，即使是非常强烈的反对意见，只要借社会大众或不在场的第三者的口气来表达，多半不会引起直接的反感。在日常生活中，如果有了什么过失的话，很多夫妇都惯用"都怪他不好"来找借口，而对方都心照不宣地承担"飞来"的过错。他人也多半会看到争吵而原谅了他们的过失。例如，赴宴迟到了，夫妇俩在主人面前往往会这样责备：他说她换件衣服换了那么久，不知在干什么；或者她说他找地图、找路，或找交通工具找得太久。

这似乎是中国人特有心理，即做事时总想理由推卸责任。即使他知道自己的责任，也会一味推卸。利用人们的这种心理，先替对方准备好借口，对方就不会再推辞。比如，送礼给人时，先要说："你对我太照顾了，不知如何感激，这是我一点小意思，请您接受。"

由于有了借口，对方一时也不知是真还是假，自然也不会去调查，一般都会接受你们的解释，或者还会进一步顺水推舟，打个圆场，就此掩饰过去。但有一点，找借口只是为了缓解双方的矛盾、尴尬、困境等不快，对于自己所犯下的过失或错误，需要勇敢地承认；对于由此而来的损失和责任，还是要勇敢地承担，不得找借口推诿责任。

做事真言

做任何事情，都必须让自己师出有名，得找个合乎情理的借口，名正言顺，做起事来就能够光明正大，减少很多阻力。

掌握询问的技巧

通常情况下，人们在接到他人的请求时，大多会基于种种考虑，而只愿意主动说出一部分自己所知道的信息，而对另一部分信息是否说出来有所顾虑，不大肯定，因而不愿继续深入下去。在这种情况下，询问的一方所得到的信息便不完全。因此，想要充分获得对方的有效信息，就有必要多多询问，并且还须掌握一些询问的方法和技巧。

我们在处理每一件事情的时候，都需要掌握一定量的信息，才能够得心应手地完成原计划的任务，根据这些信息采取行动往往会事半功倍。而我们所能得到的所需信息，除了有一部分是他人主动提供之外，还有相当大的一部分需要我们自己多多询问，通过掌握一些问话的技巧，来牵引出潜伏在对方口中的信息。

通常情况下，人们在接到他人的请求时，大多会基于种种考虑，而只愿意主动说出一部分自己所知道的信息，而对另一部分信息是否说出来有所顾虑，不大肯定，因而不愿继续深入下去。在这种情况下，询问的一方所得到的信息便不完全。因此，想要充分获得对方的有效信息，就有必要多多询问，并且还须掌握一些询问的方法和技巧。

这类方法有一个很大的特点就是，并非要对方一定得回答特定事实，而是引出一些话题，于是更能促进对方将注意力集中于话题之上，进而透露更多的有用信息。因为有些人本来不愿意回答，但经此一问，便滔滔不绝畅所欲言。同时，一般人总是认为说话不能只干巴巴地就说一点儿，让人云里雾里，或者印象不深，否则就不要开口，正是由于这样的心理，于是便一鼓作气将心里的想法说出来。

既然对话最重要的目的在于获取信息，那么我们就应该从最简单的询问开始，因为每一个人都希望对方所问的问题自己能够准确无误地说出来，所以容易回答的问题都能让对方不假思索地、心情愉快地作答。

例如刚开始见面的时候，对方会因为你有戒备之心，怀疑你的身份意图，而你一开始就提出难以回答的问题就会成为对方疑惑的开始。为了避免这种情况出现，你应该从最简单的询问开始，让他觉得"这个人其实不难相处"。像我们我熟知的，律师在提问涉案嫌疑人的时候，一般都会由"事情在什么时候发生?""你那个时候在那里?"等等开始。同样在求职面试的时候主考官也是由这类问题开始："你现在住在那里?""你在那工作了多长时间?"……因此在对话进入主题之前，我们有必要先让双方进入一个"热身状态"，那就是从最简单的询问开始，同时也可以初步获取一些基本的信息。

另外我们还要考虑在何种情况下询问最为恰当，也就是在开始之前给对方一个放松的心情，接下来我们才能够在愉快的谈话中获得有效而完整的信息。下面就是一个医生和一个病人的简短对话：

医生：哪里不舒服?

患者：这几天一直胃痛，所以我想来检查比较放心。

医生：怎样痛?

患者：剧烈地抽筋，尤其是饭后更严重，每次都想吐。

医生：你有没有吃别的食物?

患者：通常都很正常地使用正餐，也就是米饭与蔬菜，但是最近一段时间经常和朋友出去聚餐，我也不知道是不是由于外面的食物引起的，但是每次回来都不会有问题，反倒是第二天早上的时候会非常的难受。

医生：以前有过这种情况吗?

患者：嗯，很小的时候胃动过一个手术……

看了以上的例子，我们发现，如果医生一开始就进行深层次的询问，很可能患者会理不清头绪而回答得语无伦次，最后会因为信息的传递出现误差而使得医生的判断偏离事实。因此结构较简单的询问是为了解最基本的信息所作的铺垫，例如想要了解对方的想法，但是我们找不到特定的问题，或者想了解对方的感情，但用特定的询问方式对方可能无法解答的时候，我们可以从简单的询问入手，让对方进入话题积极参与交流。

了解了简单询问的妙处，我们可以利用以下的询问技巧来获得我们想要得到的信息，使得对方在你的"循循诱导"下，放松心情，无所顾虑，无戒备地说出更为详尽的相关信息来。

首先，就是避免"是"或"非"的回答。因为想要对方回答这一类的问题就如同给了对方一个选择题，透露出的信息会由于内心的想法太少，外加答案已经包含在我们的问题里，这样就会令我们处在一个被动的情境里。相反，我们应该用引导式的询问，通常可以要求回答者说明理由或者简单地阐述某一件事情，例如"你对这个项目有什么看法？""对于这个现象你怎么理解？"

其次，运用"……怎么样？"的询问方式。将问题用"……怎么样？"的表述方式提出，则较容易让对方进入状态，而且在这样的问题下对方会感觉非答不可，在回答的同时还会对内容作更深入的表述。

最后，就是重复关键词。例如在询问对方工作的感想时候，对方回答："虽然我很喜欢这份工作，但是和上司相处得不是很愉快。"这时，只要重复"不愉快？"就可以让对方更详细地说明这个事情的情况，更能清楚地了解实情，得到最有效的信息。

另外，我们还要注意的是，想要得到信息，要在你正确地询问对方的时候由对方心甘情愿地说出来。对对方说出来的信息表示感谢，如此对方才能感受到帮助你是一件愉快的事情。假如在对话的过程中，对方说了完全与你想了解的无关的信息时，你还是应该兴致勃勃地听下去，这时，即使你渴望立刻得到他口中的信息，你仍然要耐心地等待，注意听他说的话，不要中途打岔。当然，你可以适时地将话题引转回来。

做到了这些，你就会感受到通过询问得到自己想要的信息是一件多么美妙的事情，在双方简简单单的对话里面，你想要的信息就逐渐地丰富以至于完备起来。

做事真言

要想从别人的口中获得完整的信息，就必须掌握一些询问的方法和技巧。通过恰当的询问，你可以不露痕迹地得到一切你所需要的信息。

不知道就坦率说不知道

有勇气承认"没有人知道一切事情"这个事实的人是聪明的，他们面对不了解的事情能够坦然地说自己不知道，随后就想办法去学习弥补他们所欠缺的知识。承认自己不知道无损于他们的自尊，对于他们来说知道自己哪些地方有所欠缺也是一种知识，这样便可以在接下来的日子采取实际行动进一步了解情况，求得更多的知识。相反，那些不知却常常掩饰说知道的人，因为习惯性地以这种方式处理这种情况，其结果，对于自己不知道的事情，往往是永远地不知道。他已经为自己设限，定下了自己的最高水平。

在现实生活中，许多人不愿意说出"不知道"这三个字，认为那样做会让他人轻视自己，使自己没有面子，结果却适得其反。其实，对自己不知道的事情，坦率地说不知道，反而更容易赢得他人的尊重。孔夫子也曾经说过："知之为知之，不知为不知，是知也。"相反，不懂装懂，却是更大程度地暴露自己的无知，由此造成的不良后果也只能自己承担。

有个南方人，从来不吃鸡蛋。一次，他出远门到北方。在路上走得累了，肚子也咕咕直叫，看见附近有一家小店，就走进去坐了下来。店里的伙计一看有客来了，忙过来招呼，殷勤地边擦桌子边问:"客官,您想吃些什么?"

这个南方人对北方的菜很不熟悉,就随便地说道:"有什么好菜就上吧。"

伙计应道:"本店的木须肉做得可拿手了,您可以尝一尝。"

不一会儿,菜端上来了,南方人一看,原来里面有自己不吃的鸡蛋,可他又怕万一说出来,他人会嘲笑自己无知:"还有别的什么好菜吗?"

伙计说:"还有摊黄菜,也是本店的拿手名菜。"

南方人心里嘀咕:摊黄菜是什么玩艺儿?不管它,先要了再说吧。菩萨保佑,可千万别再有鸡蛋呀!便说道:"太好了,就这个吧!"

等到菜送来一看,仍然还是有自己不吃的鸡蛋。不好再推了,他只好说:"菜是不错,可惜我肚子挺饱的,不想吃东西。"

他的仆人饿得实在不行,便劝他说:"前边的路还很远,不吃的话,待会儿恐怕要挨饿了。"

他于是借梯子下台说:"既然这样,那我们就吃些点心吧。伙计,有好点心吗?"

伙计答道:"有窝果子。"

他说:"那就多拿几个来吧。"

等到"窝果子"被端上来,他一看不禁傻了眼,竟然又有自己不吃的鸡蛋。他心中又羞惭又恼火,再也找不出什么理由了,只得饿着肚子赶路。

故事给了我们很大的启发,天下的事情很多,人们哪能样样知道,不知道并不可怕,可怕的是不但不承认还硬要假装知道,这样做是学不到任何东西的。

心理学家邦雅曼·埃维特曾指出:"平时动不动就说'我知道'的人,不善于同他人交往也不受人喜欢,而敢于说'我不知道'的人则显示的是一种富有想象力和创造性的精神。"他还说:"如果我们承认对某个问题需要思索或老实地承认自己的无知,那么我们自己的生活方式就会大大地改善。"这就是现在社会竭力倡导的态度，人们可以从中得到益处。

有勇气承认"没有人知道一切事情"这个事实的人是聪明的，他们面对不了解的事情能够坦然地说自己不知道，随后就想办法去学习弥补他们所欠缺的知识。承认自己不知道无损于他们的自尊，对于他们来说知道自己哪些地方有所欠缺也是一种知识，这样便可以在接下来的日子采取实际行动进一步了解情况，求得更多的知识。相反，那些不知却常常掩饰说知道的人，因为习惯性地以这种方式处理这种情况，其结果，对于自己不知道的事情，往往是永远地不知道。他已经为自己设限，定下了自己的最高水平。

此外，那种不懂装懂的姿态，不只难以带给他人学问丰富的感觉，反倒给人一种浮躁浅薄的感觉，自然难以博得他人的好感。相反，如果你对不知道的事情坦率地说不知道，反而可以成为一种有效的表现自我的方式，因为坦率本身，就是一种优秀的品格，不只是一种负责任的态度，也是一种对人的真诚，它极富魅力，会让人对你产生信赖感。

有一次，一位美国加州大学著名教授演讲，演讲中他提出他的老鼠实验的结果。此时，有一位学生突然举手发问，提出了他的看法，并问这位教授假如用另一种方法来做，实验结果将会如何？所有的听众都看着这位教授，等着看如何回答这个他不一定做过的实验。结果，这位教授却不慌不忙，直截了当地说："我没做过这个实验，我不知道。"

当教授说完"我不知道"时，台下响起了经久不息的掌声。

同样的情况假如发生在另一位教授身上，情形恐怕就会完全不同。他一定会绞尽脑汁，说出"我想结果是……"的话来。

直截了当地说不知道，会给人留下非常负责、非常真诚的印象，并且敢于当众说不知道，其勇气足以让人佩服。这样一来，对你所说的其他观点，人们会认为一定是千真万确的，因此对你也就更加信任了。

做事要有老老实实的态度，知道就是知道，不知道就是不知道，来不得半点虚假。我们要向孔子学习，做个诚实的求学者，虚心向他人求教，把无知变为有知，决不能不懂装懂，自欺欺人。

做事真言

我们要正确对待"无知"，要敢于承认自己的无知，不能不懂装懂，自欺欺人。"掩盖自己的缺点，你将永远保留这个缺点；正视你的缺点，你将克服这个缺点。"

必要时要懂得拒绝

拒绝不等于无情无义，也不是一意孤行，而是生活中有效保护自己的正当选择。每个人都应该认识到，拒绝他人同被人拒绝一样，都是生活中的家常便饭。拒绝他人不等于以往的良好关系一定会受到伤害，也不一定会因此而失去朋友。而如果一个人连说"不"的勇气也没有，那么他人就可能进一步地提出更多的要求，给他带来被动局面。

中国人好面子，一个"不"字很难说出口。他人请你帮忙，明明自己做不到，还是硬着头皮答应下来，结果是弄得自己疲惫不堪。因此，不会说"不"往往会使自己陷入被动。

有人去找禅师求得解脱痛苦的方法，禅师让他自己悟出。

禅师问他悟到什么？他说不知道，禅师便举起戒尺打了他一下。

禅师又问，他仍说不知道。禅师举起戒尺又打他一下。

他仍然没有收获，当禅师举手要打时，他却挡住了。

于是禅师笑道："你终于悟出了这道理——拒绝。"

确实这样，学会拒绝是一种自卫、自尊。学会拒绝是一种沉稳的表现。学会拒绝是一种意志和信心的体现，学会拒绝是一种豁达，一种明智。学会拒绝，才能活得真真实实、明明白白，活出一个真正的自己。很多时候，我们因为害怕伤害他人，就一直在伤害自己。其实成功的人都是那些敢于说真话的人，关键是你怎么去说。要做一个真实的自己，才活得更坦荡无悔。

李丽当上某银行人事处处长后，就忙了起来，很多人都登门来求她帮忙，让她很是头疼。有一天，又有人来到李丽家，这次来的人还是她的老同学。"我儿子大学毕业一年了，工作一直不顺心，想换工作，所以来找老朋友想想办法。"老同学开门见山地说。"他学的是什么专业？"李丽问道。老同学把儿子的资料递给李丽，看过资料后，李丽知道自己帮不了，因为不仅专业不对口，这个孩子的外语水平也不行，这明显不符合银行的要求。但是李丽也清楚，不能直接拒绝，否则就太不给老同学面子了。"真是不巧，我们最近没有招聘人的计划，不过你别担心，我认识一位朋友，他那里似乎在招人。"说完，李丽把朋友的联系方式抄了一份交给老同学。

虽然没有办成事，但那个老同学却没有过多地指责李丽，因为李丽委婉地拒绝了她，使她明白事情是不能办的，但又没有在拒绝中失去颜面。

拒绝不等于无情无义，也不是一意孤行，而是生活中有效地保护自己的正当选择。每个人都应该认识到，拒绝他人同被人拒绝一样，都是生活中的家常便饭。拒绝他人不等于以往的良好关系一定会受到伤害，也不会一定因此而失去朋友。而如果一个人连说"不"的勇气也没有，那么他人就可能进一步地提出更多的要求。

一般来说下列情况应考虑拒绝：

(1) 违背自己做人的原则；

(2) 不符合自己的兴趣爱好；

(3) 违背自己的价值观念；

(4) 可能陷入麻烦；

(5) 有损自己的人格；

(6) 助长虚荣心；

（7）庸俗的交易；

（8）违法犯罪的行为。

在日常的人际交往中，热情地帮助他人，对他人的困难有求必应，是应该的。助人为快乐之本，能够帮助他人时就要及时地伸出援手，但是一定要量力而行，如果遇到做不到的事情而满口答应下来，到头来只会将事情弄得更糟糕。因此，在自己无能为力时，就要敢于拒绝。但是，在拒绝他人时应避免伤害对方，避免双方都陷入难堪的境地，也就是说要掌握一定的技巧。如果运用不当，难免会伤害双方的感情。如果直截了当地说"不"，会使寻求帮助的人感到失望和尴尬，一个合乎对方期望的回答，即使是拒绝，也能让对方很容易地接受。可以说，拒绝是一种生活的艺术。巧妙的拒绝，可以采取以下的方法。

（1）回避拒绝法。回避拒绝，就是避实就虚，对对方不说"是"，也不说"否"，只是搁置下来，转而谈及其他事情，让对方了解你的处境，明了你的意图，知难而退。遇上他人过分的要求或难答的问题时，就可以避而不答，"王顾左右而言他"。

（2）请人转告。巧妙地利用"第三者"来转达你当面难以拒绝的事情。这种方法一般用于当他人有求于你，而你又不好当面拒绝，或自己亲口说不合适的情况，这时就可以利用第三方作为"中介"，巧妙地转达你的拒绝。比如你的一位朋友邀请你去参加他的生日宴会，你原本已经答应了，可是在宴会上偏巧有一个你非常不想见到的人，你想拒绝参加宴会，又担心让朋友不高兴。那你就可以找一个你们共同的朋友，带上你要送给那个过生日朋友的礼物，向对方表示你无法参加宴会的歉意。

（3）另指出路。当你对朋友的要求感到力不从心或者不乐意接受的时候，你可以采用另指出路的办法，以解决问题。比如你的一个朋友数学成绩不好，希望在考试的时候得到你的帮助，你知道这是不正确的行为，但如果直接拒绝，很可能伤害到对方的自尊。你就可以这样说："如果这次我'帮'了你，老师可能会怀疑你的成绩，不如考试前我帮你勾画一些复习的要点吧。"那么对方就会觉得你还是关心他的，也就不会生气了。

（4）另做选择。当你的朋友要求你做某件事，而你又偏巧不喜欢做这件事，直接拒绝可能会伤害到对方，让对方误以为你不尊重他。比如周末的时候，你的朋友想让你陪她去逛街，可是你不愿意去人多的地方，不如建议她："今天天气不错，不如去郊外走走吧，呼吸一下新鲜的空气。"这样做，你不仅巧妙地拒绝了对方，还不会让对方觉得你是在拒绝他。

毕淑敏在《行使拒绝权》中给了拒绝一个哲理性的定义："拒绝非常重要，它的实质就是一种否定性的选择，我们在拒绝中成长和奋进，如果我们不会拒绝，那么就无法跨越生命。"她告诉我们，拒绝是我们的权利，我们有权利为了捍卫自己的利益去行使拒绝权。她也使我们明白，拒绝其实是时刻伴随我们的一种选择，只不过是否定性的选择，它对于我们极为重要！

做事真言

巧妙的拒绝，不仅能让你的人缘变得更好，还能显示你修养。有一种获得叫失去，有一种接受叫拒绝。不会拒绝就不会有真正的收获。一个什么都想要的贪婪之辈，到头来只能一无所有。拒绝，是一种上天赋予自己的权利。

识微见远：做事的手段
在于你的眼光和意识

看到别人看不到的希望

当别人看不到希望的时候，做事有"手段"的人能够看到希望，并听到了自己的笑声。当他的笑声吸引了别人了时，他又看到了危机。这种人是很少失败的，因为他的眼力指引着他前进。

希尔顿一生中最重要的成就是买到了华尔道夫旅馆。如果没有希尔顿高瞻远瞩的眼光和正确的决策，华尔道夫旅馆的辉煌也许只是一小段鲜为人知的历史。

华尔道夫旅馆曾住过许多皇族。当别人打电话过来找"国王"，华尔道夫的电话接线生一定要问"请问找哪一位国王"。但是1942年这家旅馆却破产了，华尔道夫的股票暴跌。

希尔顿决定要买下华尔道夫。当他把这个决定向希尔顿董事会宣布的时候，有人惊叫起来："你是不是疯了？花钱去买这个赔大钱的累赘？"

然而希尔顿向来相信自己的商业直觉和眼光，他说："如果你仅仅看到它现在的艰难处境就拒绝了它，那只能说明你是一个商业上的短视者。你应该看得更远一点！"但是无论他怎样反复阐述自己的意见，希尔顿董事会的董事们都不能分享他的狂热，他们不相信华尔道夫这个落魄到如此境地的旅馆还会东山再起。身为希尔顿旅馆公司的董事长，没有董事们的同意，他也不能以公司的名义买下华尔道夫。

希尔顿没有因此而退却，因为他相信这家旅馆将会给自己带来想像不到的价值和地位。他想："我可以自己买下来，然后把我的看法再推销给那些能够接受我的意见的人。"

于是，他开始行动了。他首先打电话给华尔街上拥有华尔道夫股票的老大。

"我今天就能开个价钱，"希尔顿说，"我什么时候可以过来呢?"

当天下午，他走进那位老大的办公室，要买下控制股的数目，并当场开出了一张 10 万美元的支票当押金。华尔道夫的股东们正为拿着一大把廉价的股票抛不出去大伤脑筋，听说希尔顿要以 12元一股的高价收购，马上同意了这个计划。

几天后，华尔道夫旅馆便改名为"希尔顿"。如他所料，华尔道夫带给他意想不到的财富和荣誉，使他戴上了"世界旅店大王"的桂冠。

做事有"手段"的人之所以能够取得成功，并不是因为幸运之神偏爱他们，而是因为他们具有一双捕捉机遇的慧眼，能看到别人看不到的机会，并能迅速做出反应，从而把机遇牢牢地抓在自己的手中。一些人之所以做事不成功，是因为他们眼力不够，没有看到希望。因此，对于这些人来说，就必须擦亮自己的双眼，使自己的双眼不要蒙上任何灰尘。

处处留心皆希望，人生的机会常以多种方式显现在我们面前。要捕捉它，你就得在平时练就一双慧眼，时时刻刻全身心地准备着去迎接、拥抱每一次光顾你的希望之神。

做事真言

做事的"手段"就在于：看到别人看不到的希望，从别人最绝望的地方起航，驶向成功的彼岸。

眼光长远成大事

人生犹如下棋，做事有"手段"的人往往能看出后面的五步甚至十几步棋，把握局势，从而把握住成功。

做事一定要有长远眼光，这样才能获得长久的利益。相反，做事鼠目寸光、只顾眼前利益，必然会带来严重的后果，最后导致得不偿失。

艾克森石油公司旗下的一艘油轮在阿拉斯加的漏油事件，就说明了做事鼠目寸光、只顾眼前利益必然带来严重的后果。这艘船的设计最初是想采用双层船壳，以防止与其他船只碰撞时发生漏油事件。可是艾克森石油公司只想降低船的造价，而不作长远的考虑，结果不幸真的碰上海难而漏出大量原油，严重破坏了阿拉斯加的生态环境。为了收拾残局，艾克森石油公司花了 11 亿美元作为对破坏阿拉斯加及其周围海域生态环境的补偿，而导致的对环境的严重影响，不是金钱所能计算的。目光短浅，不仅使艾克森石油公司蒙受了金钱和名誉上的严重损失，同时也赔上社会成本。

一个人在成功的道路上要能走远，首先他得站得高，看得远。只有看得长远，他才能对自己以后要做的事情心里有底，才知道自己行进的方向，以及需要为此采取什么样的行动。如果你只见树木而不见森林，心里常想眼下有多少利益的话，会使你损失长远的好处。往往有很多事眼前看来是有利可图的，但是从长远来看却损失惨重。所以，切不可只顾眼前，因小失大。

做事有"手段"的人往往能走在时代的前沿。他能看见别人所不能看见的东西，掌握事物发展的未来趋势，因而能先行一步。在我们这个竞争日趋激烈、创业变得很艰难的时代里，这是成功不可或缺的元素。

做事有"手段"的人往往不容易被眼前的得失所迷惑。当他们面临各种诱惑时，他们能够执著于自己的梦想，从而摆脱眼前利益的诱惑，冲破困境的束缚。因为他们能够很清楚地看到未来的前景，所以他们能意志坚定，矢志不移。目光短浅者只能迎接失败，即使他们曾经拥有过很优越的条件。他们往往被眼前的利益所迷惑，在透支享受今天的同时，忘记或忽略了给明天播种，最后只能被明天抛弃。

做事真言

眼前的利益或许更具诱惑力，但做事有"手段"的你必须知道什么东西更值得你去期待。

找到事情的关键点

做事有"手段"的人具有独特的眼光，他们善于抓住事情的关键点，从而找到解决事情的方法。找到了事情的关键点，就找到了解决事情的钥匙，所有难题也就能迎刃而解。

一架飞机在山谷里失事了！

大批的记者冲向深山，希望能抢先报道这件事情。但是，在大部分记者面对没有电话的现场手足无措的时候，有一位广播电台的记者却做了连续十几分钟的独家现场报道。

因为他从一开始到现场起就抓住了"没有电话机"这一关键点。山谷离市镇很远，只有一部电话能与外界联系。这位记者在了解到这一关键信息之后，在尚未到现场之前，就先请司机占据了附近唯一的电话。当他做好现场报道的录音，跑到电话旁边，虽然已经有好几位记者等着通过电话发出报道，但因为他的司机占着电话线，所以其他的记者空有信息却发不出去。而他却从容将录音机交给司机，通过电话对全国听众做了报道。

这位记者用独特的眼光抓住了报道整个事件的关键，必须要把握这部唯一的电话机以便与外界联系，并能紧紧地抓住这一关键点，所以在做报道的时候能够领先一步，获得了成功。

找到事情的关键点是至关重要的，因为这个关键点往往决定着事情的成败。

有个公司因为一台电机出现故障而停产了，于是请了一位电机工程师来修理。那位工程师在电机旁边待了三天三夜，终于在那个出现故障的电机的某个部位用粉笔画了一道，在他的指导下，维修人员把这里打开处理，机器很快恢复了正常，事后，那位工程师向公司要 1 万美元作为酬金。公司感到很难接受，对那位工程师讲："您只画了一道，怎么会值 1 万美元？"那位工程师毫不含糊地说道："随手画一道只需要支付 1 美元，而知道在哪个关键部位去画，却需要支付 9999 美元。"

正如这位工程师所说的，解决问题的关键就在于找到事情的关键点，这就是做事成败的关键所在。如果找到了事情的关键点，对症下药，难题就可以迎刃而解。相反，如果找不到解决问题的关键，而只是到处乱碰，是不可能从根本上解决问题的。做事毫无"手段"的人在处理日常生活的方方面面时，分不清哪个更重要，哪个更紧急；哪个是关键点，哪些是次要问题。他们以为每个任务都是一样的，只要把时间忙忙碌碌地打发掉，就会解决所有的问题。事实上，每一个问题都有它最关键、最重要的内容，必须抓住关键点，才能更有效地解决问题。

对一件事情如何解决，我们一定会根据自己的认识、经验、条件做出一系列的判断。那就意味着我们要发现解决这件事情的关键点或者是矛盾点是什么，也即问题点！如果不能发现最根本的问题，怎么奢求一件事情可以做好？

做事真言

无论做什么事，都要有抓住事情的关键点，这对解决问题是至关重要的，尤其是抓住事情的关键点，这样，才能抓住最重要的环节，真正、彻底、高效地解决问题。

抓住机会比乞求上帝更重要：有心人懂得每个机会都价值百万

敢于冒险的人机会更多

要想获得最大的成就，就要有敢于冒险的勇气。做事有"手段"的人不会害怕风险，因为他相信：风险与机遇并存。

1857 年，摩根从德哥廷根大学毕业，进入邓肯商行工作。一次，他去古巴哈瓦那为商行采购鱼虾等海鲜归来，途经新奥尔良码头，下船到码头一带兜风，突然有位陌生人从后面拍他的肩膀："先生，想买咖啡吗？我可以出半价。"

"半价？什么咖啡？"摩根疑惑地盯着陌生人。

陌生人自我介绍说："我是一艘巴西货船船长，为一位美国商人运来一船咖啡，可是货到了，那些位美国商人却破产了。这船咖啡只好在此抛锚……先生！您如果买下，等于帮我一个大忙，我情愿半价出售。但有一条，必须现金交易。先生，我是看您像个生意人，才找您谈的。"

摩根跟着巴西船长一道看了看咖啡，成色还不错。想到价钱如此便宜，摩根便毫不犹豫地决定以邓肯商行的名义买下这船咖啡。然后，他兴致勃勃地给邓肯发出电报，可邓肯的回电是："不准擅用公司名义！立即撤销交易！"

摩根非常生气，不过他又觉得自己太冒险了，邓肯商行毕竟不是他摩根家的。自此摩根便产生了一种强烈的愿望，那就是开自己的公司，做自己想做的生意。

摩根无奈之下，只好求助于父亲吉诺斯。

吉诺斯回电同意用自己伦敦公司的户头偿还挪用邓肯商行的欠款。摩根大为振奋，索性放手大干一番，在巴西船长的引荐之下，他又买下了其他船上的咖啡。

摩根初出茅庐，做下如此一桩大买卖，不能说不是冒险。但上帝偏偏对他情有独钟，就在他买下这批咖啡不久，巴西便出现了严寒天气。一下子使咖啡大为减产。这样，咖啡价格暴涨，摩根便轻而易举地大赚了一笔。

从咖啡交易中，吉诺斯意识到自己的儿子是个人才，便出了大部分资金为儿子办起摩根商行，供他施展经商的才能。

1862 年，美国的南北战争打得不可开交。林肯总统颁布了"第一号命令"，实行了全军总动员，并下令陆海军对南方展开全面进攻。

一天，一位华尔街投资经纪人的儿子克查姆来与摩根闲聊。

"我父亲最近在华盛顿打听到，北军伤亡十分惨重！"克查姆神秘地告诉他的新朋友，"如果有人大量买进黄金，汇到伦敦去，肯定能大赚一笔。"

对经商极其敏感的摩根立刻心动，提出与克查姆合伙做这笔生意。克查姆自然跃跃欲试，他把自己的设计告诉摩根："我们先同皮鲍狄先生打个招呼，通过他的公司和你的商行共同付款的方式，购买四五百万美元的黄金——当然要秘密进行；然后，将买到的黄金一半汇到伦敦，交给皮鲍狄，剩下一半我们留着。一旦汇款之事泄露出去，黄金价格肯定会暴涨。到那时，我们就堂而皇之地抛售手中的黄金，肯定会大赚一笔！"

摩根迅速地盘算了这笔生意的风险程度，爽快地答应了克查姆。

一切按设计行事，正如他们所料，秘密收购黄金的事因汇兑大宗款项走漏了风声，社会上流传着大亨皮鲍狄购置大笔黄金的消息，"黄金非涨价不可"的舆论四处流行。于是，很快形成了争购黄金的风潮。由于这么一抢购，金价飞涨，摩根一瞅火候已成，迅速抛售了手中所有的黄金狠赚了一笔。

机会常常有，就看你有没有勇气去逮住成功的机会。结伴而来的风险其实并不可怕，敢冒风险的人才有最大的机会赢得成功。古往今来，没有任何一个成功者会不经过风险的考验。

机会稍纵即逝，犹如白驹过隙，当机会来临，善于发现并立即抓住它，要比貌似谨慎的犹豫好得多，犹豫的结果只能错过机遇，果断出击是改变命运的最好办法。

机遇对每个人都是公平的，与其说他青睐那些有准备的人，不如说是有准备的人善于抓住机遇。对那些随遇而安的人来说，机会在他面前出现时，他也把握不住。这些人更谈不上能拼能赢的问题了。在平时就做个做事有"手段"的人，这样才会懂得如何经营自己的命运，才会比别人收获得更多。那些平常无心的人，对一切事都放任自流，必然会错失许多东西。

做事真言

很多的机遇都是在冒险的过程中产生的，不敢承担任何风险的人虽然可以保住暂时的成就，但在事业上很难得到更大的突破。

多给自己一次尝试的机会

做事有"手段"的人，不会因为一次挫折而灰心丧气，他会鼓励自己换个途径，再试一次。

很多人都知道凡尔纳是一位世界闻名的法国科幻小说作家，但很少有人知道，凡尔纳为了发表他的第一部作品，曾经遭受过多大的挫折！

这里记录的就是凡尔纳的一段令人难忘的经历：

1863年冬天的一个上午，凡尔纳刚吃过早饭，正准备到邮局去，突然听到一阵敲门声。凡尔纳开门一看，原来是一个邮政工人。工人把一包鼓鼓囊囊的邮件递到了凡尔纳的手里。一看到这样的邮件，凡尔纳就预感到不妙。自从几个月前他把第一部科幻小说《乘汽球五周记》寄到各出版社后，收到这样的邮件已经是第 14 次了。他怀着忐忑不安的心情拆开一看，上面写道："凡尔纳先生：尊稿经我们审读后，不拟刊用，特此奉还。某某出版社。"每看到这样一封退稿信，凡尔纳心里都会一阵绞痛。这次是第 15 次了，还是未被采用。

凡尔纳此时已深知，那些出版社的"老爷"们是如何看不起无名作者。他愤怒地发誓，从此再也不写了。他拿起手稿向壁炉走去，准备把这些稿子付之一炬。凡尔纳的妻子赶过来，一把抢过手稿紧紧抱在胸前。此时的凡尔纳余怒未息，说什么也要把稿子烧掉。他妻子急中生智，以满怀关切的感情安慰丈夫："亲爱的，不要灰心，再试一次吧，也许这次能交上好运的。"听了这句话以后，凡尔纳抢夺手稿的手，慢慢放下了。他沉默了好一会儿，然后接受了妻子的劝告，又抱起了这一大包手稿到第 16 家出版社去碰运气。

这次没有落空，读完手稿后，这家出版社立即决定出版此书，并与凡尔纳签订了 20 年的出书合同。

没有他妻子的疏导，没有"再试一次"的勇气，我们也许根本无法读到凡尔纳笔下那些脍炙人口的科幻故事，人类就会失去一份极其珍贵的精神财富。

生活中很少有一次就能够成功的人，也很少有一次就能够做成的事。很多的事情都是在不断尝试、不断改进的过程中获得成功的。

有个年轻人去微软公司应聘，而该公司并没有刊登过招聘广告。见总经理疑惑不解，年轻人用不太娴熟的英语解释说自己是碰巧路过这里，就贸然进来了。总经理感觉很新鲜，破例让他一试。面试的结果出人意料，年轻人表现糟糕。他对总经理的解释是事先没有准备，总经理以为他不过是找个托词下台阶，就随口应道："等你准备好了再来试吧。"

一周后，年轻人再次走进微软公司的大门，这次他依然没有成功。但比起第一次，他的表现要好得多。而总经理给他的回答仍然同上次一样："等你准备好了再来试。"就这样，这个青年先后5次踏进微软公司的大门，最终被公司录用，成为公司的重点培养对象。

有很多时候，机会就在我们前面的那一站。如果我们放弃了，我们就永远失去了这次机会。如果我们能再坚持一下，多给自己一次尝试的机会，我们就有可能获得成功。

也许，我们的人生旅途上沼泽遍布，荆棘丛生；也许我们追求的风景总是山重水复，不见柳暗花明；也许，我们前行的步履总是沉重、蹒跚；也许，我们需要在黑暗中摸索很长时间，才能找寻到光明；也许，我们虔诚的信念会被世俗的尘雾缠绕，而不能自由翱翔；也许，我们高贵的灵魂暂时在现实中找不到寄放的净土……那么，我们为什么不可以以勇敢者的气魄，坚定而自信地对自己说一声："再试一次！"

因挫折而造成的灰色情绪，像乌云一样挡住了太阳，也遮住了人们的视线。如果换一种方式，再试一次，事情可能就会有新的转机。面对挫折，人们往往手足无措，思绪混乱。其实，每个人在自己的生活里和事业发展的道路上都有可能遇到各种各样的挫折，只有保持积极心态，学会忍耐，善于控制住自己，才能尽快走出挫折的阴影，从挫折中得到磨炼，走向成功。

做事真言

一个做事有"手段"的人懂得坚持，他善于为自己找到对待挫折的方法，那就是：换个方式，再来一次。再试一次，他就可能到达成功的彼岸。

别让机遇白白溜走

生活中处处都有机遇，成功与否取决于你是否能及时抓住机遇。在机会来临的时候，我们不要错过时机，要及时抓住机遇，果断行动。

1988 年 4 月 27 日，美国阿波罗航空公司的一架波音 737 客机从檀香山起飞后不久，便意外地发生了爆炸。飞机的前舱顶被掀开一个足有 6 平方米的大洞；驾驶员不得不把飞机临时迫降在附近的一个机场上。飞机上 89 位乘客安然无恙，但有一位空中小姐被气浪从舱顶抛出而身亡。飞机制造业的竞争对手们，便立即把这一严重的质量事故大肆宣扬，给波音公司造成很大的压力。

但波音公司多的是善于谋断、把握机遇的高手，他们利用调查、研究的结果展开了强大的反宣传攻势：事故是因为飞机使用时间太长而导致的金属疲劳引起的。这架飞机已经飞行了 20 年，起落次数已经超过 9 万次，大大超过了保险系数。在飞机发生事故时，还能使乘客无一伤亡，说明飞机质量之高。结果，波音公司的信誉不但没受影响，反而飞机的销售量猛增。

身处困境的波音公司能够反败为胜的原因就在于：它及时地调整策略，反守为攻，抓住机遇作有力宣传，从而为波音公司赢得了意料不到的收获。

在日本东京，"夫妻店"随处可见。

有一家专卖手帕的"夫妻老店"，由于超级市场的手帕品种多，花色新，他们竞争不赢，生意日趋清淡，眼看经营了几十年的老店就要关门了，店主在焦虑中度日如年。

有一天，丈夫坐在小店里漠然地注视着过往行人，面对那些穿梭的旅游者，忽然灵感飞来，他不禁忘乎所以地叫出来，把老伴吓了一跳，以为他急疯了，正要上前安慰，却听他念念有词地说："导游图，印导游图。""改行？"妻子惊讶地问。"不不，手帕上可以印花、印鸟、印山、印水，为什么不能印上导游图呢？一物二用，一定会受到游客们的青睐！"老伴听了，恍然大悟，连连称是。

于是，这对老夫妻立即向厂家订制一批印有东京交通图及有关风景区导向图的手帕，并且广为宣传。这个点子果然灵验，新手帕销路大开。他们的夫妻店因此绝处逢生，财运亨通了。

抓住机遇，全力以赴，就会成功。有许多人庸庸碌碌，默默而终，这是因为他们认为人生自有天定，一味坐待机会，往往以空虚和碌碌无为收场。做事有"手段"的人，不会怨天尤人，埋怨没有机遇。他们善于抓住每一次思考的灵光，并迅速付诸行动，取得成功。

机遇无处不在，只要肯留意身边发生的事情，加上善于思考，往往会有改变命运的机遇降临到你的身上。机遇不会自动出现在你的面前，重要的是你能否及时地伸出手去抓住它。有人说"热闹的马路不长草"，意思是说在别人习以为常的地方是不大可能会有生意的；也有人说"机遇的头上是秃的"，意思是说你要善于从司空见惯的事情里找出创意来。机会永远只属于那些做事有心计、善于运用头脑去思考的人。

做事真言

做事有"手段"的人，不会放过任何可以成功的机会。他不会等待运气来主动护送他走向成功，而是用汗水和辛劳换取更多成功的机会。

要做中流砥柱：任何时候都必须脚踏实地

用理智抵制诱惑

诱惑无时不在，无处不有：名利的诱惑、金钱的诱惑、声色的诱惑、美食的诱惑，如此等等，不一而足。面对诱惑，没有好奇和心动是不正常的，关键在于在诱惑面前你如何把握自己。

春秋战国时期，鲁国的大臣公仪休，是一个嗜鱼如命的人。他被提任宰相以后，鲁国各地有许多人争着给公仪休送鱼。可是，公仪休却正眼不看，并命令管事人员不准接受。

他的弟弟看到那么多从四面八方精选来的活鱼都被退了回去，很是可惜，就问他："哥最喜欢吃鱼，现在却一条都没有接受，为何？"

公仪休很严肃地对弟弟说："正因为我爱吃鱼，所以才不接受这些人送的鱼。"

"你以为那帮人是喜欢我、爱护我吗？不是。他们喜欢的是宰相手中的权，希望这个权能偏袒他们、压制别人，为他们办事。吃了人家的鱼，必然要给送鱼的人做事。执法必然有不公正的地方，不公正的事做多了，天长日久哪能瞒得住人？宰相的官位就会被人撤掉。到那时，不管我多想吃鱼，他们也不会给我送来了。我也没有薪俸买鱼了。现在不接受他们的鱼，公公正正地做事，才能长远地吃鱼。"

人非圣贤，很难让自己一辈子清心寡欲，不产生一丝邪念。然而，人的高尚和可贵就在于面对外物的引诱，善于运用自己的理智抵制诱惑。

有一个走私犯，由于警方追捕太紧，他灵机一动，带着所有的走私货物，躲进了一家破旧的教堂里。他请求牧师答应他将走私货物藏在教堂的阁楼里。那位虔诚的牧师当然立即拒绝了走私犯的要求，并要此人马上离开，否则他就要报警。

"我给你一笔钱，以报答你的善行，你看20万怎么样？"走私犯苦苦哀求。

牧师坚定地说："不！"

"那么50万呢？"走私犯忍痛加码。

牧师依旧拒绝。

"100万好吗？"走私犯仍不死心地问。

牧师突然大发雷霆，用力把那人推到门外去："你快给我滚出去，你开的价钱，已经快接近我心里的数目了。"

这个牧师拒贿的故事给我们的启迪是深长的。牧师尽管"离上帝最近"，可他毕竟不是圣人。他的心里，也有"贪"的念头，只不过他给自己的道德定的价码比常人要高而已！这位牧师又是可敬的。当他眼见走私犯出的价码逼近了他自定的道德价码时，他果断地掐灭了贪欲，在巨大的诱惑面前说出了"不"。他最终守住了自己做人的底线。

人不可被诱惑所淹没，否则，人便失去了自我。人一旦失去了自我，也就不能称之为"人"了。由此观之，面对诱惑，既应有所取又应有所舍，既应有所投入又应有所自持，既应有所热忱又应有所节制，从而能在诱惑的包围之中，头脑清醒，心态平衡，行为规范。

做事真言

诱惑是不可避免的，做事有"手段"的人面对诱惑时能用内心的品质来抵制诱惑，所以能顺利地达到自己的目标。

量力而行最稳当

做事符合自己的能力，量力而行最稳当，不切实际的欲望，只会导致在追求理想的过程中遇到挫折、忧愁和痛苦。

一个年轻人在逛集市的时候，看见一位老人摆了一个捞鱼的摊子。他向有意者提供渔网，捞起来的鱼归捞鱼人所有。这个年轻人一时童心大发，蹲下去捞起鱼来。他一连捞破了三只网，一条小鱼也未捞到。见老人眯着眼看自己，心中似乎在暗自窃笑，他便不耐烦地说："老人家，你这网做得太薄了，几乎一碰到水就破了，那些鱼又怎么捞得起来呢？"老人回答说："年轻人，看你也是念过书的人，怎么也不懂呢？当你心生意念想捞起你认为最美的鱼时，你打量过你手中所握的渔网是否真有那能耐吗？追求不是件坏事，但是要懂得量力而行呀！"

"可是我还是觉得你的网太薄，根本捞不起鱼。"

"年轻人，你还不懂得捞鱼的哲学吧！这和众人所追求的事业、爱情、金钱都是一样的。当你沉迷于眼前目标之际，你衡量过自己的实力吗？"

下面这条鱼的命运也是值得我们深思的。

水从高原流下，由西向东，渤海口的一条鱼逆流而上。它的游技很精湛，因而游得很精彩，一会儿冲过浅滩，一会儿划过激流，它穿过湖泊中的层层渔网，也躲过无数水鸟的追逐。它不停地游，最后穿过山涧，挤过石隙，游上了高原。然而，它还没来得及发出一声欢呼，瞬间却冻成了冰。

若干年后，一群登山者在高原的冰块中发现了它，它还保持着游动的姿势。有人认出这是渤海口的鱼。一个年轻人感叹说：这是一条勇敢的鱼，它逆行了那么远那么长那么久。另一个年轻人却为之叹息，说：这的确是一条勇敢的鱼，然而它只有伟大的精神却没有伟大的方向，极端逆向的追求，最后得到的只能是死亡。勇敢固然重要，但凡事应该量力而行。

做事有"手段"的人不求妄想，而求实力。因为人生虽有许多种力量，但实力是成功的最重要的手段和最基本的力量。好高骛远不能成功，只有实力才能使人生增值。平庸的人常在妄想中忘记了以实力取胜之道。

世界上大多数人都是平凡人，但大多数平凡人都希望自己成为不平凡的人——梦想成功，才华获得赏识，能力获得肯定，拥有名誉、地位、财富。不过，遗憾的是，真正能做到的人，似乎总是少数。因为，他们经意或不经意地都陷进了好高骛远的泥潭里。

人生理想都是在追求实际力量。而那些好高骛远者往往把自己的理想设计得高入云端，根本不考虑自己的实际力量。如果你用心去观察那些成功的人，几乎都有一个共同特征：不论聪明才智高低与否，也不论他们从事哪一种行业、担任何种职务，他们都做到了量力而行，他们随时保持积极进取的态度，十分看重自己的价值，对目标执著，并且绝对坚持到底。

做事萬言

做事有"手段"的人都力求稳中取胜，凡事量力而行。

心急吃不了热豆腐

很多人做事急功近利，这样往往是欲速而不达。做事一定要耐心，心急吃不了热豆腐。

太平公主是唐朝颇有声名的公主，她深得武则天的宠爱。一次，武则天赏赐给她两盒珍贵宝器，价值黄金万两。太平公主收到母亲这批赐物，即带回家中密藏了起来。但是，一年之后宝物不翼而飞。

武则天知道后，认为有损她的脸面，立即召来洛州长史，诏令他二日内破案。洛州长史恐惧万分，急忙召来州属两县主持治安和缉盗的官员，下令两日之内破案。两县的缉盗官员们无力破获这样的大案，召来吏卒、游徼，严令他们在一日之内破案。一件疑难大案的侦破任务，便如此一层一层地推了下来。

无法再往下推的吏卒和游徼们，手中拿着上级的死命令，一时慌了手脚，只得到大街上碰运气。恰好，他们碰上了进京述职的湖州别驾的苏无名，于是便将这桩"御案"告诉了他。苏无名见众人一筹莫展，就答应接下这个"御案"。

在洛阳的宫殿上，武则天劈头一句便问："你果真能为朕捉到盗宝的贼人吗？"苏无名答道："臣能破案！如果圣上委臣破案，请依臣三事：一、在时间上不能限制；二、请圣上慈悲为怀，宽谅两县的官员；三、请圣上将两县的吏卒、游徼交给臣差使。如依得臣下所请三事，臣下将在两个月内，擒获此案盗贼，交付陛下。"

武则天听完之后，当即应允了他的条件。苏无名奉旨接办御案之后一直没有行动。一个多月过去了，一年一度的寒食节来临了。这天，苏无名召集两县吏卒、游徼会于一堂，准备破案。他吩咐，所有破案人员全部改装为寻常百姓，分头前往洛州的东、北二门附近巡游侦查。无论哪一组，凡是遇见胡人身穿孝服，出门往北邙山哭丧的队伍，必须立即派员跟踪盯上，不得打草惊蛇，只须派人回衙报告即可。

不多久，就有一个游徼喜滋滋地赶了回来。他告诉苏无名，已经侦得一伙胡人，其情形正如苏无名所说，此刻在北邙山，请苏无名赶去定夺。苏无名听后，立即下令衙役备马，与来人赶往北邙山坟场。到达之后，苏无名询问盯梢的吏卒："胡人进了坟场之后表现如何？"吏卒回报说："一切如别驾大人所料，这伙胡人身着孝服，来到一座新坟前奠祭，但他们的哭声没有哀恸之情，烧些纸钱之后，即环绕着新坟察看，看后似乎在相互对视而笑。"

苏无名听到这里，大喜击掌，说道："窃贼已破！"立即下令拘捕那批治丧的胡人，同时打开新坟，揭棺验看，随着棺盖缓缓开启，棺内尽是璀璨夺目的珠宝。检点对勘之后，太平公主所失的宝物亦在其中。

苏无名一举侦破太平公主的失窃大案，震动了洛阳。武则天下旨再次召见苏无名，问他是如何断出此案的。苏无名应诏进殿，对道："臣下并没有什么特殊的神谋妙计，我来洛阳汇报工作的途中，曾在城郊邂逅了这批出葬的胡人。凭借臣下多年办案的经验，当即断定他们是窃贼，只是一时还不知他们下葬埋藏的地点。寒食节一到，依民俗，人们是要到墓地祭扫的。我料定这批借下葬之名而掩埋赃物的胡盗，必定会趁这机会出城取赃，这就能摸清他们埋下宝物的地点。据侦查的吏卒报告，他们奠祭时不见悲切之情，说明地下所葬不是死人；他们巡视新坟相视而笑，说明他们看到新坟未被人发觉，为宝物仍在坟中而高兴。因此我决定开棺取证，果然无误！"

苏无名接着又继续说道："假如此案依陛下二天之限，强令府县去侦破，结果必因风声太紧，窃盗们狗急跳墙，轻则取宝逃亡，重则毁宝藏身。那么，在证毁贼逃的情况下，再去缉盗追宝，就难上加难了。所以陛下急破之策不宜行，急则无功。现在，官府不急于缉盗，欲擒故纵，盗贼认为事态平缓，就会暂时将棺中宝物保存原处。只要宝物依然还在洛阳近郊，我破案捕盗就像囊中探物一般容易！"

凡事"欲速则不达"。做事有"手段"的人，总是善于观察、巧于布阵、精于摸底，然后在时机成熟时，采取拉网术，把想钓的鱼拉上来。

人一急躁就必然心浮，心浮就无法深入到事物的内部中去仔细研究和探讨事物发展的规律，无法认清事情的本质，差错自然会多。生活中常常发生这样的事情：出门时，手中拿着钥匙，却急着找钥匙；急着给人写纸条，笔就拿在手上，却睁大眼睛到处找笔。也有的时候，要找的东西翻箱倒柜找遍了都没找到，过了几天却在最显现的地方发现了。这都是由急切慌乱而造成的。人如果一着急，就会手忙脚乱，眼花缭乱，明明在眼皮底下的东西都会看不见。由此可以看出：无论做什么事，要保持冷静，从容镇定，不要急急忙忙，心慌意乱。要知道"心急吃不了热豆腐"，急切慌乱不但解决不了问题，还会更加拖延时间，于事无补。

有些人一遇到事情，就恨不得立即弄个水落石出，一针扎出血来。其实这不仅毫无益处，还会把事情弄得一塌糊涂。轻浮、急躁，对什么事都深入不下去，只知其一，不究其二，往往会给工作、事业带来损失。

做事真言

做事要凭"手段"制胜，绝不能不分青红皂白地一阵乱来，而是要有进有退，有急有缓，做到稳中求胜。

为公司保密才能赢得信任

做事有"手段"的人懂得为公司保密的重要性，保护公司的机密要像保卫自己的前途，甚至保护自己的生命一样保护它。这样，你才会得到公司的信任，才会使你步入职业发展的快车道。

里奇在一家公司做技术员工作。

有一天，梅治电器公司的技术部经理杰克邀请里奇共进晚餐。在饭桌上，杰克对里奇说："只要你把你们公司最新产品的数据资料给我，我就会给你一个出乎意料的回报，怎么样？"

一向温和的里奇一下子就愤怒了："请你不要再这样说！我的公司虽然效益不好，处境艰难，但我决不会出卖我的人格，做这种事。我不会答应你的任何要求。"

"对不起。"杰克不但没生气，反而颇为欣赏地拍拍里奇的肩膀说，"这事当我没说过。来，干杯！"

　　过了段时间，里奇所在的公司因经营不善而破产。里奇失业了，没过几天，他突然接到梅治电器公司总裁的电话，让他去一趟总裁办公室。

　　他疑惑地来到梅治电器公司，出乎意料的是，总裁热情地接待了他，并且拿出一张聘用书——聘请里奇去公司做技术部经理。

　　里奇惊呆了，嗫嚅地问："你为什么这样相信我？"

　　总裁微笑着说："杰克退休了，他向我说起了那件事并特别推荐了你。年轻人，你的技术水平是出了名的，你对工作的忠诚更让我佩服，像你这样的人，任何一个公司都会欢迎你的，我们当然要先把你抢到手！"

　　里奇一下子醒悟过来。后来，他凭着自己的技术和管理能力，成为了一流的职业经理人。

　　显然，假如里奇当时没有拒绝梅治电器公司技术部经理的诱惑，那么，后来的好机会是不会降临到他头上的。

　　为公司保密是你做好工作的必要要求。

　　任何一家公司的发展和壮大都是靠员工的忠诚来维持的，同样，一个员工也只有具备了忠诚的品质才能受到老板的器重，最终取得事业上的成功。

　　公司的任何资料都含有一定的信息。一些文件如材料购买清单、银行往来记录，甚至连员工宿舍扩建计划等等，虽看似是普通文件，但对某些特定对象而言，是极具利用价值的。一旦泄密，将造成不可挽回的损失。

　　当然，判断什么样的文件应划入机密文件当中确实很难。因此，作为公司的一员，你必须养成一个好习惯：不要随便把公司的文件给外人看。

　　除了文件的保管要谨慎之外，在与客户接触时也要养成谨言慎行的习惯，管好自己的嘴，避免和外人说起公司内部的事。比如，公司考虑要投资新产品的开发，你总是口无遮拦，在闲聊中把它透露出去，这就让竞争同行有了准备。再比如，你很可能在闲谈中说："最近，某某公司与我们接触频繁。公司副总将于下月去某地与其进一步洽谈业务合作事宜……"该消息若传到公司对手那里，他就有可能比你们公司副总早一天抵达，而与对方签订协议。

一旦养成保密习惯，老板才会放心地把重要任务交给你，让你把握公司的前途。同样，坚守秘密的你也就保住了自己的前途。对工作的忠诚是你无往不胜的法宝，就像里奇那样因为忠诚的品格，成为了原本行业竞争对手的抢手人才。

在一些高新技术公司，保守机密视为员工基本的职业操守之一，尤其对于知识型员工及高层管理者，他们了解大量的核心技术和商业机密，这是公司至关重要的核心资源，所以很多公司对主要技术人员和中高级管理人员都要签订保密协议。

在巨大的私利面前，保守工作中的机密，这是一个人忠诚的最好体现。在竞争日益激烈的现代职场，一个能严守机密的员工，更能受到老板的欢迎。因为，在信息高速发展的今天，各个领域都离不开信息，信息的安全保密关系着一个公司的兴衰。所以，每一个公司的老板都希望自己的员工具有高度的保密意识，牢固的保密安全观念。即使离职，也不能将过去工作过的机密透露给他人，特别是竞争对手。

做事真言

任何公司都不缺乏有能力的人，但那种既有能力又忠诚的人，才是所有公司最想要的。有时，公司宁可任用一个能力一般却绝对忠实的人，而不愿重用一个缺乏忠诚的人。

财物交给可信赖的人

一个做事有"手段"的领导者，做事时不会感情用事，将值得信任的人弃而不用，却把自己的命脉交给让人怀疑的人。

狼对牧羊人说："你现在把牧场经营得这么好，你真有本事啊，我太崇拜你了，我愿意为你效劳，让我保护你的羊群吧！"

牧羊人犹豫不决，可是狼表现得太诚恳了，它流着悔恨的泪水说："你总不能因为我以前的错误而否定我的一生吧。我会像你的猎狗一样忠实，而且我拥有抵御外来侵扰的力量，如果那些老虎和狮子来了，我会和它们死拼到底的……"

牧羊人觉得它说得入情入理，于是就安排它守护羊群。半个月过去了，羊一只也没有少。牧羊人放心了，于是就放手把羊群交给狼看管。

一天，牧羊人出门回来，发现羊群和狼都不见了，原来狼趁着主人不在家，把羊群带走了，它不用捕猎，每天都可以享用鲜嫩的羊肉。

一直受到冷落的老猎狗对懊悔不已的牧羊人说："你把财物托付给不应托付的人，应当信任的你却不重用，现在上当是难免的。"

牧羊人竟然相信羊的天敌，让狼管理羊群，真的是头脑发热、昏庸过头了，出现最后的结局也是情理之中的事。倒是老猎狗说的话值得好好反省。其实你不用笑话牧羊人的感情用事，也许你现在也犯着类似的错误：对值得信任的人弃而不用，却把自己的命脉交给让人怀疑的人。

现实生活中，有很多生意人都是因为财务上的管理不善而导致挫折的。如果你打算用一个人，尤其是非常敏感的职位，你一定要好好考察这个人，而且要看到这个人的本质。也许别人会隐蔽得非常巧妙，但是人总会在一些时候暴露出自己与生俱来的弱点，这就要看你有没有见微知著的能力了，千万不要被表面的假象迷惑住了。

如果你经过一番考察仍然对这个人不放心，那就遵循一条古训：疑人不用！也许是直觉，也许是偏见，不管怎么说，在你怀疑他之前就不要重用对方。一来，这个人有可能给你带来麻烦，不怕一万只怕万一；二来，你本身就不信任他，用他的时候你肯定时刻戒备着对方，这样你们又怎么能够良好地沟通呢？说到底，还是不利于你事业的管理。当然，一旦你重用了对方，觉得他是可以托付的人，就不要再抱着猜疑的心态和怀疑的目光来审视这个人了。因为这样容易刺伤别人的自尊心，辜负了对方的一片忠心，同样也不利于工作的展开。

俗语说"疑人不用，用人不疑"，这句话是说用信任鼓励和褒奖别人的工作。这一点至为重要，甚至关系到你事业的成败。

做事真言

用人不疑，疑人不用。

该出手时就出手：做事要有超强的决断力

要有当机立断的气概

拥有最睿智的头脑不如拥有果敢的判断力。拿破仑说过，一个军官的知识和素质应该成一个正方形，光有知识不行，军官还要有做决断的勇气。

在圣皮埃尔岛发生火山爆发大灾难的前一天，一艘意大利商船奥萨利纳号正在装货准备运往法国。船长马里奥·雷伯夫敏锐地察觉到火山爆发的威胁。于是，他决定停止装货，立刻驶离这里。但是发货人不同意。他们威胁说货物只装载了一半，如果他胆敢离开港口，他们就去控告他。但是，船长的决心却毫不动摇。发货人一再向船长保证培雷火山并没有爆发的危险。船长坚定地回答道："我对于培雷火山一无所知，但是如果维苏威火山像这个火山今天早上的样子，我必定会离开那不勒斯。现在我必须离开这里。我宁可承担货物只装载了一半的责任，也不继续冒着风险在这儿装货。"

24 小时以后，在发货人和两个海关官员正在试图逮捕马里奥船长的时候，圣皮埃尔的火山爆发了。他们全都死了。而这时候奥萨利纳号却正安全地航行在公海上，向法国前进。

如果这位船长没有当机立断的气魄，那他就只能给别人做陪葬品了。当然，一个人除了有决心与魄力之外，同时更要有高超的预见性眼光。决断并非一意孤行的"盲断"，也非逞一时之快的"妄断"，更非一手遮天的"专断"，它也需要有客观的"事实"

根据。

日本松下电器公司董事长松下幸之助早年曾在大阪电灯公司工作。他对电灯泡着了迷，为了实现其改进电灯灯头的构想，不惜倾资从事改良的工作，并且组成了松下电器公司。不巧公司成立之初，恰遇经济危机，市场疲软，销售困难。怎样才能使公司摆脱困境、转危为安呢？松下幸之助权衡再三，决定一不做、二不休，拿出一万个电灯泡作为宣传之用，借以打开灯泡的销路。

灯泡必须备有电源，方能起作用。为此，松下亲自前往拜访冈田干电池公司的董事长，希望双方合作进行产品的宣传，并免费赠送 1 万个电灯泡。一向豪迈爽直的冈田听了此言，也不禁大吃一惊，因为这显然是一种很不合常理的冒险。但松下诚挚、果敢的态度实在感人，冈田终于答应了他的请求。

松下公司的电灯泡搭配上了冈田公司的干电池，发挥了最佳的宣传效用。很快地，电灯泡的销路直线上升，干电池的订单也雪片般飞来。初创伊始的松下公司非但没有倒闭，反而名声大振，业务兴隆。对于刚刚创办、家底不厚的松下电器公司来说，1 万只电灯泡是个不小的数目。但松下在危机面前敢于孤注一掷、铤而走险，采取破釜沉舟的推销行动，因此震撼了人心，争取了支持者，终于成功地挽救了走入困境的企业。

一个人的决断能力是一种合力，它主要由一个人的魄力、洞察力、分析能力、直觉能力、创新能力、行动能力和意志力等分力所复合而成。智商高的人往往不容易决断，因为很聪明，他的选择方案就很多，四下权衡后，没有一个完美的方案，而且事实上也永远没有最佳方案，所以不敢轻易拍板。但在现实生活中决策往往要求在有限的时间里、信息不充分的情况下拍板。

人生充满了选择。不管是读书、创业或婚姻，我们总要在几个可供"选择"方案中，作一"赌注"式的决断。对于我们所选择的结果究竟是好是坏，也往往没有明确的答案。机会难得，想再回头重新来过，是绝不可能的。因此，我们可以说：决断是各种考验的交集。

人的见识愈高愈远，就会有曲高和寡的现象。尤其是一般人常满足于现状，陶醉于既有成就的美梦中，任何太激进的做法都会被视为"异端"，遭到反对。这时若要力排众议，断然扫除"人为"的障碍，就必须具有决断的胆识和实践能力。

决断就是努力向前。时光在飞逝，只有放眼天下，正视眼前的挑战，我们才能动用我们所拥有的决断智慧，迎接时代的挑战。一个有决断能力的人在刚开始时不免会犯这样那样的错误，但一旦他积累了经验以后就不会使那些错误重犯了。那些缺乏决断力的人，在解决每个问题时都想留有余地的人，在他的一生中将一事无成！

假如你能养成在最后一刻做出果断决定的习惯，你在做出决断时就一定能运用最聪明的判断能力，因为如果一旦你以为决定是可以伸缩的，不到最后一刻都是可以重新考虑的时候，你将永远无法养成正确可靠的判断力。相反，一旦你能毫不迟疑地做出决定，并为你的决定断绝一切后路时；当你对自己所做出的任何一个不健全不成熟的判断感到痛苦不堪时，你对于自己所下的判断也一定会十分小心。这样，自然能使你的决断能力日趋进步。

做事真言

对一个人来说，偶尔做出错误的决定，总比从不做决定要好。

看准了就不要犹豫

做事有"手段"的人，宁可让自己因果断的决断而犯下一千次错误，也不会姑息自己养成一种优柔寡断的习惯。

公元前207年，项羽在巨鹿打败秦朝主力大军，而这时，刘邦已经率军攻破了秦都城咸阳。刘邦听从谋士劝谏，将军队安置在咸阳附近的霸上，没有进入咸阳。他封闭秦王宫殿、钱库等重地，并且安抚咸阳百姓。老百姓看见刘邦待人宽容、军纪严肃，非常高兴，都希望刘邦当秦王。

项羽知道刘邦先进了咸阳，非常愤怒，率领 40 万大军进驻咸阳附近的鸿门（今陕西临潼东），准备抢夺咸阳。项羽的军师范增劝项羽一举消灭刘邦，他说："刘邦以前是个贪财好色的人，现在他进了咸阳后，分文不取，美女也不要，可见是有大图谋，我们应该乘他没有发展起来就杀了他。"

消息传到了刘邦那里，谋士张良认为，目前刘邦的军队只有 10 万人，势力太弱，不能和项羽正面较量。张良就请好朋友、项羽的叔父项伯去说情。然后，刘邦带着张良和大将樊哙亲自到鸿门，告诉项羽，自己只是看守咸阳，等项羽来称王。项羽相信了刘邦，设宴招待他。范增坐在项羽旁边，几次暗示项羽动手杀刘邦，可是项羽却假装没看见。范增就让大将项庄到酒桌前舞剑助兴，想借机会刺杀刘邦。项羽的叔父项伯赶紧也拔剑陪舞，用身体挡着刘邦，暗中保护他，项庄一直没有得手。张良一看情况紧急，赶紧出去召唤刘邦的大将樊哙。樊哙立刻手持盾牌和利剑，直接闯入军帐，斥责项羽说："刘邦攻下咸阳，没有占地称王，却回到霸上，等着大王你来。这样有功的人，不仅没有得到封赏，你还听信小人的话，想杀自己兄弟！"项羽听了，心中惭愧。刘邦乘机假装上厕所，带着随从跑回霸上自己的军营中。谋士范增看见项羽优柔寡断，放跑了刘邦，非常生气，说："项羽真是不能成大事！看着吧，将来夺取天下的一定是刘邦。"

这就是中国历史上有名的"鸿门宴"，当时项羽在宴会上犹豫不决，没有果断地下令除掉刘邦，终致刘邦日益强大，反过来胜过了项羽。

当我们面对一些难以取舍的问题时，慎重考虑当然是必要的，但是不能犹豫不决。因为一个人的精力和才智是有限的，犹豫徘徊，患得患失，其结果只会浪费生命。

有一位知名的哲学家，天生一股特殊的文人气质，不知吸引了多少女人。某天，一个女子来敲他的门，对他说："让我做你的妻子吧！错过我，你将再也找不到比我更爱你的女子了！"

哲学家虽然也很中意她，但仍回答说："让我考虑考虑！"事后，哲学家用他一贯研究学问的精神，将结婚和不结婚的好坏所在，分别条列下来，才发现，好坏均等，真不知该如何抉择。于是，他陷入长期的苦恼之中，无论他又找出了什么新的理由，都只是徒增选择的困难。最后，他得出一个结论——人若在面临抉择而无法取舍的时候，应该选择自己尚未经验过的那一个。不结婚的处境他是清楚的，但结婚会是怎样的情况，他还不知道。因此，他决定和那个女人结婚。

哲学家来到她的家中，对女人的父亲说："您的女儿呢？请告诉她，我考虑清楚了，我决定娶她为妻！"女人的父亲冷漠回答说："你来晚了10年，我女儿现在已经是三个孩子的母亲了。"哲学家听了，整个人几乎崩溃，他万万没有想到，他的优柔寡断换来的是终生的悔恨。

犹豫的人总希望做出正确的选择，却又被选择可能带来的负面结果蒙蔽了眼睛，根本不知道自己想要什么，不知道事情的结果会怎样。面对重大选择时，他们会一再拖延到来不及的地步。他们唯恐今天决断了一件事情，也许明天会有更好的事情发生，以至于自己可能会对第一个决策后悔。

犹豫不决的人常担心事情的凶吉好坏，今天做出一个抉择，明天会发生更好的可能性，总是不敢做决断。他们因此失去很多好机会、埋没很多好想法。有人喜欢把重要的问题搁置一边，留待以后去解决，这实在是一种不良的习惯。假如你染上了这种习性，就应赶紧下大力气去练习一种敏捷而有决断力的本事。无论当前的问题多么严重，需要你瞻前顾后权衡利弊，你也不要一直沉浸在优柔寡断之中。假使你仍然心存一种凡事慢慢来或干坏了再重新考虑的念头，你是注定要失败的。

威廉·沃特说："如果一个人永远徘徊于两件事之间，对自己先做哪一件犹豫不决，他将会一件事情都做不成。如果一个人原本做了决定，但在听到自己朋友的反对意见时犹豫动摇、举棋不定，那么，这样的人肯定是个软弱、没有主见的人，他在任何事情上都只能是一无所成，无论是举足轻重的大事还是微不足道的小事，概莫能外。他不是在一切事情上积极进取，而是宁愿在原地踏步，或者说干脆是倒退。古罗马诗人卢坎描写了一种具有恺撒式坚韧不拔的精神的人，实际上，也只有这种人才能获得最后的成功——这种人首先会聪明地请教别人，与别人进行商议，然后果断地决策，再以毫不妥协的勇气来执行他的决策和意志，他从来不会被那些使得小人物们愁眉苦脸、望而却步的困难所吓倒——这样的人在任何一个行列里都会出类拔萃、鹤立鸡群。"

今天，成千上万的人虽然在能力上出类拔萃，却缺乏果断的个性而沦为平庸之辈。要知道，在任何情况下，不能信心百倍地做出自己的决断都是一个悲剧。许多人正是因此遭致失败，而非缺乏能力。成千上万的人在竞争中溃败而归，仅仅因为耽搁和延误。

做事真言

长久地徘徊于两件事之间，对自己先做哪一件犹豫不决，往往会使你错失成就事业的良机。

比别人快一点

做事有"手段"者，常常比别人快一点感受到时代的变化，从而做出正确的决策，拓展出另一片人生新天地。

日本的"电子之父"松下幸之助，是一位富有智慧、善于创造金点子的成功人物，每当人们问及他成功的秘诀时，他总是淡淡一笑，说："靠的是比别人稍微走得快了一点。"

1917 年，松下幸之助在决定自己事业的方向上，靠的就是在自己智慧基础上形成强烈的超前意识。有关电的行业在当时还只是凤毛麟角，但松下幸之助深信电作为一种新式能源，给人类带来方便的同时，也会带来更多的欲望。灿烂的电气时代如同电灯一样将会照亮人类生活的每个角落，因此，投身电器制造，也一定会前途灿烂。尽管在创业伊始，他就受到挫折和打击。然而，这种超前意识使他具有了坚强信念和必胜的信心。正是由于"稍微走得快了一点"才使得"松下电器"从无到有，从小到大。

第二次世界大战结束后，在新的和平环境里人们又重新燃起生活和工作的热情。睿智的松下幸之助又"超前"地看到"新文明"将带来世界性的"家电热"。对于"松下电器"，既是一次发展壮大的机会，也是一次艰巨又严峻的挑战。松下幸之助正是凭借着"稍微走得快一点"，大刀阔斧地进行机构调整和技术改革，从而使"松下电器"在新的挑战中得到了前所未有的发展。

20 世纪 50 年代，松下幸之助第一次访问美国和西欧时发现：欧美强大的生产主要基于民主的体制和现代的科技，尽管日本在上述方面还相当落后，然而这一趋势将是历史的必然。松下幸之助正是把握住了这一超前趋势，在日本产业界率先进行了民主体制改革。政治上他给予充分的自主权，建立了合理的劳资体制和劳资关系。经济上他改革了日本的低工资制，使员工工资超过欧洲，接近美国水平，并建立了必要的员工退休金，使员工的物质利益得到充分满足。劳动制度上实现每周五天工作日，这在当时的日本还是第一家。松下幸之助认为：这一改革并非单纯增加一天休息，而是为了进一步提高产品的质量，好的工作成就产生愉快的假日；愉快的假日情绪会导致更出色的工作效率。只有这样，生产才能突飞猛进，效果才能日新月异。

早起的鸟儿有虫吃。做事有"手段"的人在做每一件事时都要比别人早一步，都要比别人更迅速地掌握未来的动态、资讯和走向。什么事都能先人一手、先人一着，等他人追赶的时候，你大步向前，又拉开了彼此的距离，因而你会永远处于领先的位置。

总是步别人后尘的人是成不了大器的。如此一来，成功永远属于别人，自己得到的只是残羹冷炙。做事有"手段"的人不随大流，眼光独到，在别人还没"睡醒"之前就已经开始行动了。

做事有"手段"的人非常积极活跃，在他们心目中也许并没有很多明确的目标，但是他们感觉敏锐，变动得非常快，以行动作为自己的方向，尝试新的途径，接受新的信息，能先于别人下手，所以，经过一番奔波忙碌之后，必然能取得某些有价值的成就。

时势造英雄。意思就是说，时代的发展、事物的发展是客观存在的发展规律，是不以人的意志为转移的。顺应了时势的人都可能获得成功，但不是每个人都可以获得成功，还有速度的较量。比别人快一点，就意味比别人领先一点。

比别人快一点从本质上说，也是一个人思维的突破，对事物敏感度的体现。勇敢地率先借用这种时势，就是英雄造时势。被强化的环境就是一种新的时势、新的发展机遇。无论是地理环境、交际环境，还是职业环境、人文环境，每一次改变都可能为我们提供了一个新的广阔的发展空间。每一次比别人快一点都意味着新的思维将发现巨大的财富资源。

做事有"手段"的人，是深悟比人快一点对于成功的重要性的。因此，他们在与实力相同的竞争者比赛时，常会力求比别人快一点。

做事真言

比别人快一点，意味着完全占领控制财富和宝藏的制高点，意味着你是新生事物的主宰者。

不要害怕犯错误

人非圣贤，孰能无过，能真正面对错误的人，才能正确地解决它。

犯了错误之后，不要采取消极的逃避态度。你应该在发现错误的时候，马上想一想自己应怎样做才能最大限度地弥补过错。只要你能以正确的态度对待它，勇于承担责任，错误不仅不会成为你发展的障碍，反而会成为你向前的推动器，促使你不断地、更快地成长。任何事情都有它的两面性，错误也不例外，关键就在于你从什么样的角度去看待它，以怎样的态度去处理它。

如果只是顾全面子，一味逃避的话，那最后吃亏的只能是你自己。

小刘在一家工厂任技术员。经过几年的实践锻炼，在老同志的帮助下取得了一定的成绩，并且被提拔成车间副主任，负责车间的生产技术工作。小刘因为一帆风顺春风得意，渐渐地滋生出一种自以为是的心态，总觉得自己了不起，看不起别人，也不尊重别人的意见。

有一次，车间的生产线发生了一些问题，产品质量也受到了影响。他看过之后，便立即断言是原料的配比不合适，认为在投放新的一家企业提供的原材料后，原有的配比必须改变。根据他的意见，工人们做了调整，但情况仍不见好转。此时，另一位技术人员提出了不同的见解，认为问题的症结并不是新的原料或原料配比不合适，而是设备本身的问题。对此，小刘从内心觉得技术员的看法很合理，但是，他觉得自己是负责全车间技术与工艺的领导，如今自己的判断出现了失误，反而不如一位普通技术员，如果承认，岂不太没有面子了？

为了顾面子，他一方面继续坚持自己的看法，另一方面也布置专人对设备进行必要的维修和调整。但是由于贻误了时机，问题最终还是爆发了，给公司造成了巨大损失。小刘在羞愧之中提出辞职。

不慎犯错的最佳对策便是勇敢承认。在工作中出现失误是我们自己也不愿意看到的事情，但"人非圣贤，孰能无过"，犯错误总是难免的。对待失误的态度从某种程度上可以说是一个人的敬业精神和道德品行的体现。是自己的责任就要一肩挑，一定不能推卸，要诚恳地承认错误，并积极地寻求补救的办法。如果不是由于自己的过失造成的，也不要急于替自己辩白，应首先着眼于公司的利益，等事情得到了妥善处理，事情的真相自然会浮出水面。如果你确实被误会了，你的同事和上司也会在事实中看到，还你一个清白。你一定要相信，只有敢于承担责任的人，才有可能做成大事。

人一生所可能犯的最大错误是，因为怕犯错而不敢尝试。赢家不怕犯错，只怕因为怕犯错而不敢尝试。有的人成功了，只因为他比我们犯的错误、遭受的失败更多。"难道有永远的失败吗？不！我宁可一千次跌倒，一千零一次爬起来，也不向失败低一次头。"抱有这种想法的人一定不会永远与失败相伴。

作为一个平凡的人，在做事过程中难免会犯一些错误。面对错误，大多数人虽然认为自己错了，但他没有勇气承认，或把犯错的理由归结于别的因素。只有极少数人能够站出来，勇敢地坦白："这件事没成功，是我的错……"在下属看来，承认错误意味着要受责罚；在领导则认为沉默和"合理的托辞"意味着逃脱责任。

有的人好高骛远，不能踏踏实实地工作，工作中出现一些小问题也不愿深究。他们的观点是：如果我所犯的错误性质十分严重，我一定会承认的；如果是芝麻大的一点小错，再那么认真地计较，难免有点小题大做，依我看根本没有这个必要。如果你也是这样看待错误的，那就大错特错了。工作无小事，更无小错，1%的错误往往就会带来100%的失败。

假如你犯了错且知道免不了要受责，抢先一步承认自己的错误，不失为一个好的方法。自己谴责自己总比让别人骂好受得多。如果领导发现之前，就承认了自己的错误，并把责备的话说出来，十有八九他会宽大处理你，而原谅你的错误。

做事真言

不要把错误当成负担，而是应该当成你办事过程中的发动机。

用激情敲开成功的大门

做事有"手段"的人在做事的过程中，总能倾注他们全部的热情，也正是这些激情和冲劲，成了他们做事的源源不断的动力。

好莱坞影星英格丽·褒曼就是用激情敲开了好莱坞的大门。她当时是瑞典电影界的新秀，天生丽质、朴实无华，她用自己的辛勤劳动及对表演无与伦比的忠诚赢得了荣誉，给观众留下永不湮没的记忆。来自纽约的报纸曾经对她作过如下评述："英格丽·褒曼小姐是观众眼里的绝代佳人，她不用化妆品足以展露玉容花貌，她有时会突然面红耳赤；她不雇报界代理人，她看电影亲自排队买票。总之，她的举止与常人决然不同。这位脸蛋像红苹果一样儿的少妇，既像新捏的瑞典雪球一样洁白无瑕，又像走近餐桌头一次品尝斯堪的纳维亚式小吃的农村姑娘一样儿天真朴实，她身居好莱坞明星的殊荣地位，对观众倾倒好莱坞的那股狂热却一无所知……"水银灯下是她的主战场，她跑遍了整个世界，她把整个身心都献给了她幼时的理想，献给了艺术，面对人们的颂扬，她总是平静地报以会心的微笑，轻轻地说一声："我就是英格丽·褒曼，谢谢……"

在英格丽·褒曼11岁时，父亲第一次带她去上剧院，在这之前，她曾跟父亲去看过几次歌剧，她什么也没看懂。可她第一次看话剧却着迷了，她的两只眼睛瞪得圆溜溜的。第一场帷幕刚落，她就转过脸去对爸爸嚷嚷起来，整个剧院都听得见她的声音。她兴奋激动地对父亲说："爸爸，爸爸，我要干的就是这一行！"

1933年秋，英格丽·褒曼成为斯德哥尔摩皇家戏剧学校的学生。英格丽·褒曼的表演勇气大得令人难以置信。她本是个羞涩腼腆的姑娘。在学校里，在课堂上从来不敢站起来回答老师的问题。要是有人提起她的姓名，她都会羞得脸红。但是登台表演却是她心驰神往的，在舞台上她就成了另一个人。

走近电影圈的第一步，英格丽·褒曼碰到继母葛丽塔。葛丽塔正在学习音乐和演唱。英格丽·褒曼便央求她说："哪天请带我一起去好吗？让我也见见世面，开开眼界，明白电视空间是怎么拍出来的。"

葛丽塔安排得格外周到，给她找了个充当一个临时演员的差事。拍完一个镜头的英格丽·褒曼舍不得就这样离开。她继续保持着她着妆的模样，又接连从一个场景跑到另一个场景，拍了几个镜头，像走火入魔一样。她享受了一生中最痛快的一天。

她演出的第一部电影是《僧侣桥的伯爵》。这是一部喜剧片，她没有演好，差一点演砸了锅。第一部影片拍完后，瑞典电影制片人的所有制片厂和管理人员都知道他们发现了一个有希望的年轻女演员。他们一起竭力劝导英格丽·褒曼，要她重新为自己的前途着想。既然瑞典电影制片厂有那么多大好良机唾手可得，何必非要再在戏剧学校里待下去不可？这乃是通往功成名就的一条捷径，在戏剧学校是得不到这种机缘的。英格丽·褒曼也倾向于听从他们的劝告。活生生的现实早已清楚表明，那所专业学校看重的是资历，而不是才能。离开皇家戏剧学校以后，她并没有忽视戏剧知识课程，她开始去上戏剧知识实习课、舞蹈课、动作训练课、台词课等。教她上课的是一位和蔼可亲的女演员，名叫安娜·诺莉，60 多岁。英格丽·褒曼从不间断练功，她爱学习，她觉得生活中随时随地有东西可学。

从影不到一年半，英格丽·褒曼得到瑞典报界的喝彩与赞美："英格丽·褒曼有了伟大的突破。"她总是力求去演那些难度大的角色。其中难度最大的莫过于《女人面孔》。为了保持畸形脸的化妆效果，在影片拍摄中她要忍受超常的痛苦。口腔垫片磨破了牙床，使她疼痛难忍，有一次竟在摄影棚失声哭了起来。这是她有生以来最难演的角色了。这部影片引起的反响是她未曾预料的。她的巨幅照片比比皆是。她梦绕魂牵的夙愿已经实现。她向上帝作了虔诚的祷告："亲爱的上帝，我真幸福。对您的恩情我真是感激不尽，难以回报。祈求您赐宠于我，让我就这样一直演下去吧，继续不停地演下去，把存在于天地之间的所有奇妙惊人的角色全演个够吧。让我变成您的以演员形象出现的驯良工具吧。我要通过我的职业，通过我的表演去感化人们，使他们变得更加美好。您庇佑我演好这些角色吧，这样我才会不虚此生。"

英格丽·褒曼想成为一名演员的梦想一直环绕着她成功的整个历程。年幼的她对电影的爱好，她对当演员的执著追求，都是她成功的前奏。她用她的激情敲开了好莱坞的大门，用她的激情扮演了一个又一个成功的角色。"英格丽·褒曼非但美色绝伦，令人炫目，而且技艺出众，表演富有灵感。"梦想和激情造就了英格丽·褒曼的演艺生涯。

人常常不是因为失败而放弃，而是因为疲倦而放弃。最糟糕的境遇不是贫困，不是厄运，而是精神心境处于一种无知无觉的疲惫状态。感动过你的一切不能再感动你，吸引过你的一切不能再吸引你，甚至激怒过你的一切也不能再激怒你，这种疲惫会让人止不住地滑向虚无。

激情是主宰和激励一个人的才能的力量，如果没有激情，生命会显得苍白和凄凉。无论你是从事商业，从事科学还是法律、宗教或教育；无论你是绝顶聪明，还是资质平平；无论你是高矮胖瘦贫富，你是怎样的人并不重要，如果你希望生活得有成就感，希望生活得充实，有一样必不可少的东西，那就是"激情"。

做事真言

有了激情，人生就有了无形的动力；有了激情，做事就有了无所畏惧的勇气。

充分挖掘你的潜能

在日常办事中，我们应对自己要求得更高一些，去办那些我们认为自己很难做成的事，从而充分挖掘自己的潜能，逐渐提升做事能力。

并不是每个人都有机会释放出自己的潜能，很多能力都是要靠自己深入挖掘才能表现出来的。做事有"手段"的人总是懂得如何充分挖掘自己的潜能。

有一个有趣的故事：

有一个人死后升上天堂，圣彼得在天堂的门口迎接他，并带他到处参观。走到天堂的车房，那人看见停泊着的车辆中，有很多辆日本制造的小房车，而只有寥寥可数的几辆劳斯莱斯大房车。这位天堂最新的公民有点奇怪：为什么有那么多日本房车而比较少有名贵的汽车，天堂怎么也有贫富的差别呢？于是要求圣彼得解释一下。圣彼得摊开双手无可奈何地说："这有什么呢？下面的人祈祷的时候，绝大多数要求天主赐给他们日本房车，只有很少数的人敢要求拥有劳斯莱斯，所以就有现在这种奇怪的现象存在了！"

大部分人都小觑自己的能力，自己限制自己本身的发展，有小小的成就马上以为自己已经到达巅峰状态，于是不肯再冒险，坚决不再向上爬，结果白白浪费了自己的潜能，错过无数向前推进的机会。

在现实生活中也有很多对自己潜能不充分了解而因此自限的人。假如这些人能够充分了解及利用自己的潜能，那他们就可以为自己创造更丰富更美好的人生。

有一个人自小就非常喜欢绘画，他常梦想自己将来会成为出色的画家。可是他的父母看见他对绘画的兴趣及天分却吓了一跳，因为他们认为以绘画为生是一件很不稳定的工作，于是他们千方百计地去劝阻孩子发展绘画的潜能。

"你完全没有绘画天分。"他们对孩子所画的图画不但不欣赏，还总是批评。渐渐地孩子开始相信自己对绘画真的没有天分，他对这个曾一度喜爱的嗜好失去兴趣，他放下了画笔。再过一段时期，他发觉自己根本不懂得作画。不久，他甚至一提到绘画便露出憎恶的神色。

孩子的父母终于达到了他们的目的。孩子长大以后，做了一名中学的数学教师，这份工作他也算称职，但他总是提不起劲投入工作，不到 30 岁，他已经意志消沉得想完全放弃工作，不过基于对父母及自己家庭的责任感，他咬着牙一直干下去。

在一个偶然的机会中，有人邀请他替一本教科书画几张插图，他一拿起画笔便再也不能放下。这次，他的妻子企图劝阻他，可是他对她说："我的父母已经尝试过强迫我放弃心爱的嗜好，我错误地听从了他们，而因此浪费了我的潜能。我绝不能重复这个错误了。"

不久，他辞去了教书的工作，专职替人画各式各样的插图。他不停地画，希望不久可以举行个人画展。他说："现在我才觉得在真正地生活。"

后来，他成了一位很有名气的画家。

很多时候，父母、老师及其他长者，会为了我们将来有安定的生活，而替我们选择一条安稳有保障的路。可是当他们这样做的时候，往往忽略了我们的潜能，造成很大的浪费。

人的潜能到底有多大？这个问题恐怕是谁也无法回答的。因为按照科学家的说法，人的一生只能用去其脑力的 1％，也就是说，每个人还有 99％的潜能有待挖掘。

我们不知道自己的潜能是因为人都有惰性，如果可以依赖，可以不动脑筋，那么就没有刻意的发挥出自己的潜能来，这个现象在女性身上最为明显。也许是因为社会的浮躁，也许是因为"男权"社会的余波，女人在社会中总是扮演依附性的角色（当然并不代表所有的女性都是依附于男性的）。可是如果一旦失去男性的依赖，女人往往会爆发出惊人的力量，比如离婚的女人，因为有过失败的婚姻，对男性的信任度也下降，因此她们更多的需要靠自己的创造生活。而事实上，很多女性已经用自己的行动证明女人的潜能是无限的，原来她们离开男人会生活得更好。

因此当我们生活得不如意，觉得未能发挥潜能时，不妨问问自己："父母为我们所创造的自我形象是否有问题？"如果你觉得的确有问题的话，那就表示你的生活方式未能将你的潜能带出来，你需要改变。

还有一种情况，当别人说"你最在行的是做……"、"这件事找你办就能确保无误"、"我早知道你对此事的反应会如此了"、"别的你可能不行，但这个一定行"等话时，将这些话详细地用笔记录下来。做了数星期之后，要有系统地分析你的笔记，尝试问问自己：我有什么特别的地方？我有什么素质是其他人没有的？我做什么事情时觉得最舒服？我做什么事情做得特别好？我有什么嗜好？我有什么与生俱来的才能？有什么事情我做得特别自然？空闲的时候我会去做什么事情？你会发觉你的行为有一定的模式，原来你一直在人前显露自己某方面的兴趣及才华。这些兴趣及才华很可能是你自己以前未意识到的，它们会带领你发掘到自己真正的潜能所在。

做事真言

只有不断地发掘、了解、利用自己的潜能，才能将自己的成就推上一个又一个的高峰。

办法总比困难多：求人办事的"手段"

不要太在乎冷遇

求人办事时，受到冷遇是很常见的，做事有"手段"的人不会因受到冷遇就马上放弃自己求人办事的目的，而是会视冷遇的具体情况再作不同的反应。

曾经有位司机开车送人去做客，主人热情地把坐车的客人迎进，却把司机忘了。开始司机有些生气，继而一想，在这样闹哄的场合下，主人疏忽是难免的，并不是有意看低自己，冷落自己。这样一想，气就消了，悄悄地把车开到街上吃了饭。

等主人突然想起司机时，他已经吃了饭又把车停在门外了。主人感到过意不去，一再检讨。没想到，司机说自己不习惯大场合，且胃口不好，不能喝酒。这种大度和为主人着想的做法使主人很感动。事后，主人又专门请司机来家里做客。从此，两人关系不但没受影响，反而更密切了。

小张到多年不见面的一同事家去探望。这位同事如今已是商界的实力人物，每天造访他的人很多，十分疲劳。因此，对来家的客人，只要是一般关系的，一律不冷不热待之。

小张原本以为会受到热情款待，不料遇到的是不冷不热，心里顿时有一种被轻视的感觉，认为此人太不够朋友，小坐片刻便借故离去。他气愤地决心再不与之交往。后来才知道，这是此人在家待客的方针，并非针对哪个人的。他再一想，自己并未与人家有过深交，自感冷落，不过是自作多情罢了。于是又改变了想法，并采取主动姿态与之交往，双方因此加深了理解，促进了友谊。

遇到冷遇，不同的人有不同的反应：或拂袖而去，或纠缠不休，或怀恨在心。这样的反应也是正常的。但如一概而论，则有时就会因小失大，无法进行进一步交流，从而影响社交效果。

若按冷遇的成因而分，有三种情况：

一是无意的冷遇，即对方考虑不周，顾此失彼，使人受冷落。

二是自感的冷遇，即对自己估计过高，对方未使自己满意而感到冷落。

三是蓄意的冷遇，即对方存心慢怠，使人难堪。

对于无意的冷遇，应采取理解和宽容的态度。在交际场上，有时人多，主人难免照应不周，特别是各类、各层次人员同席时，出现顾此失彼的情形是常见的。这时，照顾不到的人就会产生被冷落的感觉。

当你遇到这种情况，应设身处地地为对方想一想，给予充分的理解和体谅，千万不要责怪对方，更不应拂袖而去。由此可见，对于无意性的冷遇，采取理解和宽恕的态度，这种态度会引起对方的震撼。同时，还能感召对方改变态度，用实际行动纠正过失，使彼此关系得到发展。

对于自感性冷遇，自己应及时自省，进行心理调节，实事求是地看待彼此关系，避免猜度和嫉恨于人。

常常有这种情况，在准备求人之前，自以为对方会热情接待，可是到现场却发觉，对方并没有这样做，而是采取了低调的做法。这时，心里就容易产生一种失落感。

对于有意性冷遇，也要从具体情况出发给予恰当处理。一般说，当众给来宾冷遇是一种不礼貌行为，而有意给人冷落那就是思想意识问题了。在这种情况下，予以必要的回击，既是维护自尊的需要，也是刺激对方、批判错误的正当行为。

还有一种情况，就是对有意冷落自己的行为持满不在乎的态度，以此自我解脱。有时候，对方冷落你是为了激怒你，使你远离他，而远离又不是你的意愿和选择。这时，做事有"手段"的人会采取不在意的态度，"厚脸皮"地面对冷落，我行我素，以热报冷，以有礼对无礼从而迫使对方改变态度。

做事真言

　　遭到冷遇的时候，做事有"手段"的人总是让自己先冷静下来，而不是冲动地马上为冷遇找回面子，最后事情也往往会朝着好的方向发展。

无论结果如何，都要心存感激

　　事情没办好，也要感谢为你办事的人，这会给办事的人以信心和鼓励，使得两人的感情更为融洽，也为对方下一次替你办事打下伏笔，预留了感情的资本。

　　福特是美国石油大王洛克菲勒的好友，也是帮助他创建标准石油公司的伙伴之一。但有一次，洛克菲勒与福特合资经商，因福特投资失误而惨遭失败，损失巨大，福特心中很感不安。

　　有一天，福特走在路上，看到洛克菲勒与其他两位先生走在他后面，他觉得没脸回头，假装没有看见他们，一直低头往前走。这时，洛克菲勒叫住了他，走上前拍了拍他的肩，微笑着说："我们刚才正在谈有关你的事情。"福特脸一红，以为洛克菲勒要责怪他，于是他说："太对不起了，那实在是一次极大的损失，我们损失了……"想不到洛克菲勒若无其事地回答道："啊，我们能做到那样已经难能可贵了。这全靠你处理得当，使我们保存了剩余的60％，这完全出乎我的意料，谢谢你！"洛克菲勒没有因为福特没把事情办好而去埋怨他，相反还找出一堆赞美和感谢的理由，这真是出乎福特的意料。此后，福特努力做事，不仅为洛克菲勒挽回了损失，而且还为公司赚了不少的钱。

朋友历尽周折，因为某种原因并没有办成你所托之事，如果你连一句"谢谢"的鼓励的话都没有，那么，对方也就再也不想帮你办事了。

有一个在北京工作的记者，春节时准备回老家过年，但他临时有采访任务，抽不出时间提前去买火车票，于是他托一个好朋友小芸替他去买票。

小芸马上跑到火车站，排了两个小时的队，轮到她时，火车票卖完了。小芸无功而返，记者心里很不高兴，不但连一句感谢的话都没有，还觉得小芸耽误了他的行程，给了小芸一个难看的脸色。

小芸排了两个小时的队，虽然没买到票，没有功劳也有苦劳，一句感谢的话都没听到，相反还被埋怨，心里不好受，因此记者失去了这位朋友，小芸再也不会帮记者办任何她能办到的事情了。

一个会办事的高手，在朋友帮自己办事没办成时，也会适时地感谢对方，既维系了原来的友谊，又为以后的交往打下坚实的基础。办完事后，说声"谢谢"是世界上最容易赢得友谊的办法，它是加强人际关系的一件法宝。

在求人办事时，有许多人存在这样的心态，对方帮自己办事，如果办成了，理所当然地要感谢对方。如果事情没有办成，就认为不必感谢对方了，甚至埋怨对方。其实，这种心态是不对的。对方即使没有帮你把事情办好，可能是由于某些客观的原因，但他可能尽了自己的最大努力。

交友办事，不管对方是不是把事情办成了，都要感激帮你办事的人。在现实生活中，求人办事并不是"一锤子"买卖，这次由于某些原因对方没能把事情办成，可能下次有机会可以帮你把其他的事情办好。如果你认为对方反正没把事办好，用不着去感谢对方。好像无功不受禄，不值得去感谢，这样，可能对方认为你没有人情味，以后可能不会再帮你忙了。

做事真言

在求人办事时，不要对人太苛求，只要对方为你办事，在没有办成的情况下，也要向对方表示感谢，这一点是千万不可忽略的。

求人办事，不强人所难

强人所难，是办事过程中的一大禁忌。托人办事，要考虑到人家是否能办得到。如果人家诚心诚意向你表示他爱莫能助，就不能强求人家非给你办成不可。

孙健得知老同学赵卓的亲戚在政府部门掌权，他便找赵卓，希望能通过赵卓的亲戚把他从乡下调到城里。赵卓见老同学相求，虽犹豫，但还是答应了。赵卓问过他的亲戚后，人家说无法办，赵卓便向孙健说明情况。但孙健却认为赵卓不给他办事，立即拉下了脸说："你真不够朋友，这么一件小事都不帮忙。"说罢便转身走人，赵卓感觉自己费力不讨好心里很不是滋味。他原打算讲完这件事后，还要说另一个和他关系不错的人，也有可能办成这件事，但看孙健的态度，他也不敢再说这层关系了，他怕如果再办不成，不知孙健会怎样对待他了。

孙健的这种意气用事的做法，就是不讲分寸，是托人办事时最为忌讳的。

有的人做什么事都只从自己的利益出发，根本不在乎别人有什么困难，一旦自己有事相求，就要求你非答应他不可，不然，就像人们说的，"王八咬人不撒嘴"，非给闹出个结果来不可。这种做法是求人办事的大忌。

求人办事绝对不能强人所难。如果对方能办到而不愿帮忙，也不能因他不帮忙就给人难堪。他不愿意肯定有不愿意的理由，求人者就应该体谅对方的难处，另想办法。如果对方有顾虑，就应给他充分的考虑时间，千万不能因对方一时没有答应便意气用事，强人所难。

当你有事需要求人帮忙时，朋友当然是第一人选，可你不能不顾朋友是否情愿。比如你想要朋友跟你一起去参加某项活动，朋友表示出犹豫。这时，如果你再强行拉他与你同去，就会使朋友感到左右为难，他如果已有活动安排不便改变就更难堪。对你所求，若答应则打乱自己的计划，若拒绝又在情面上过意不去。或许他表现乐意而为，但心中就有几分不快，认为你太霸道，不讲道理。所以，你对朋友有所求时，应该采取商量口吻讲话，尽量在朋友无事或情愿的前提下提出所求，同时要记住：己所不欲，勿施于人。

有的人在求领导办事时，频繁地往领导家里跑，尤其在下班以后，也不管人家愿意不愿意，在领导家一"泡"就是几个小时，他以为这样，就能获得领导的好感，事情就好办很多，殊不知，这种行为不管有心无心都有"咬人不撒嘴"之嫌，会使人很不耐烦。

做事真言

在求人办事时，即使是再好的关系也不能强人所难，因为毕竟是你在有求于别人，只有心平气和、用商量的口气，才有望取得成功。强人所难、意气用事，吃亏的只能是自己。